浙江省高职院校"十四五"重点立项建设建材

# 形象与礼仪

主　编　周鑫蓉　周卫芳
副主编　邢　娟　黄建明　杨　彬

电子工业出版社
Publishing House of Electronics Industry
北京·BEIJING

## 内 容 简 介

本书内容包括职场人士的个人形象设计、职场交往中的职业礼仪、公务活动中常用的公务礼仪和商务交往中的沟通技巧等，注重理论与实践的结合，突出可操作性。本书主要基于职场人士在岗位中的礼仪应用及实际需要，依据职业标准，设计教学项目；在对形象与礼仪相关规范进行系统论述的同时利用大量案例，对职场形象塑造、职场沟通、见面礼仪、商务宴请、涉外商务礼仪等内容分别做了详尽的阐释。本书内容全面，案例丰富，图文并茂，可读性强，有较强的实用性。

未经许可，不得以任何方式复制或抄袭本书之部分或全部内容。
版权所有，侵权必究。

### 图书在版编目（CIP）数据

形象与礼仪 / 周鑫蓉, 周卫芳主编. -- 北京 : 电子工业出版社, 2024.9（2025.8重印）. -- ISBN 978-7-121-48684-5

I. B834.3；K891.26

中国国家版本馆 CIP 数据核字第 2024FW3460 号

责任编辑：邱瑞瑾
印　　刷：北京雁林吉兆印刷有限公司
装　　订：北京雁林吉兆印刷有限公司
出版发行：电子工业出版社
　　　　　北京市海淀区万寿路 173 信箱　邮编：100036
开　　本：787×1092　1/16　印张：12　字数：307.2 千字
版　　次：2024 年 9 月第 1 版
印　　次：2025 年 8 月第 2 次印刷
定　　价：48.00 元

凡所购买电子工业出版社图书有缺损问题，请向购买书店调换。若书店售缺，请与本社发行部联系，联系及邮购电话：(010) 88254888，88258888。
质量投诉请发邮件至 zlts@phei.com.cn，盗版侵权举报请发邮件至 dbqq@phei.com.cn。
本书咨询联系方式：(010) 88254173 或 qiurj@phei.com.cn。

# 前　　言

孔子曰："不学礼，无以立。"荀子曰："人无礼则不生，事无礼则不成，国家无礼则不宁。"中国素有"礼仪之邦"的美称，崇尚礼仪、学习礼仪、践行礼仪是当代大学生继承和发扬中华传统美德的具体体现。

学习、运用现代商务礼仪，在业务往来中树立良好的形象，在纷杂的环境下更好地处理人际关系，是提高企业竞争力和个人良好素质的基本要求，更是建立人与人之间相互尊重、信任、宽容、友善的良好合作关系的重要手段。本书以现代商务礼仪为主线，努力做到深入浅出、翔实具体，融理论性、实践性、知识性和可操作性于一体，在对商务礼仪的功能与原则、特点及作用等方面进行系统阐述的基础上，重点对职场形象礼仪、社交礼仪、沟通礼仪等方面进行阐述。

本书内容具有如下特点。

一是体例新。本书考虑到商务礼仪教学的特殊性，每个项目都有相应的数字资源、讨论区、测试区；每个任务前都设置了"思政引领"板块。本书深入挖掘课程的思政元素，通过灵活穿插"礼仪知识屋""礼仪故事屋"等小栏目，将中华优秀传统文化、社会主义核心价值观和行业文化有机融入。每个项目都安排了相应的技能训练模块，同时将每个项目的内容按知识点和技能点进行划分，方便学生有目的地学习知识。

二是指导性强。本书具有很强的指导性，不仅体现在对学生的指导，还体现在对教师的教学安排的指导。

三是实用性强。本书在内容的安排上，既考虑礼仪学科的基础性、理论性，又强调实用性。不论是学生，还是职场人士，都可以将本书作为现用现查的礼仪实用手册。

四是资源立体化。本书配套的线上课程"形象与礼仪"在智慧树平台运营，书中以二维码的形式呈现了每个项目的综合资源，用手机扫一扫即可观看。本书体现了"三教"改革和"课堂革命"的新理念。

本书由浙江广厦建设职业技术大学教师周鑫蓉、周卫芳任主编，邢娟、黄建明、杨彬任副主编，浙江广厦建设职业技术大学教师张少萍、赵铭阡、顾敏和东阳市文旅投资集团有限公司葛智明等参与资料收集、内容编写、教材配套微课视频拍摄等工作。其中，周鑫蓉编写了项目一和项目四，邢娟编写了项目二，周卫芳、黄建明合作编写了项目三，杨彬编写了项目五，赵铭阡编写了项目六，张少萍编写了项目七。此外，特别感谢空中乘务专业的施柳伊、汤静雪、谢卓霓、周冰洁、葛雨萱、卢涛等同学，对本书职业形象相关图示的拍摄工作的支持。

在本书的编写过程中，编者参阅了大量文献、报刊和网上资料，吸收了国内外学者的研究成果，由于参考内容甚多，恕无法一一列举，在此谨表谢忱。尽管编者在编写时本着谨慎、严肃、认真的工作态度，但由于能力有限，书中难免存在错误和疏漏，恳请广大读者批评指正。

编　者

2024 年 8 月

# 目　　录

## 项目一　形象与礼仪概述：探索礼仪之道 ·················· 1
### 任务一　礼仪的起源与发展 ·················· 1
一、礼仪的起源 ·················· 2
二、礼仪的发展 ·················· 4
### 任务二　礼仪的内涵与特征 ·················· 7
一、礼仪的内涵 ·················· 7
二、礼仪的特征 ·················· 8
### 任务三　形象与礼仪的关系 ·················· 10
一、礼仪的作用 ·················· 10
二、形象的价值 ·················· 12
三、礼仪对形象的塑造 ·················· 13
项目小结 ·················· 13
学习效果综合测试 ·················· 14
学习笔记 ·················· 14
讨论区 ·················· 15
测试区 ·················· 15

## 项目二　职业形象礼仪：举手投足展魅力 ·················· 17
### 任务一　仪容礼仪 ·················· 18
一、头发的修饰 ·················· 18
二、面部的修饰 ·················· 20
三、双手及指甲的修饰 ·················· 22
四、香水的使用 ·················· 23
### 任务二　服饰礼仪 ·················· 25
一、服饰的作用 ·················· 26
二、着装的基本原则 ·················· 27
三、男士服饰礼仪 ·················· 28
四、女士服饰礼仪 ·················· 34
### 任务三　仪态礼仪 ·················· 37
一、站姿礼仪 ·················· 38
二、坐姿礼仪 ·················· 39
三、走姿礼仪 ·················· 41

四、蹲姿礼仪 ········································································· 41
　　　五、手势礼仪 ········································································· 42
　　　六、表情礼仪 ········································································· 44
项目小结 ························································································· 45
学习效果综合测试 ············································································· 45
学习笔记 ························································································· 46
讨论区 ···························································································· 47
测试区 ···························································································· 47

# 项目三　社交礼仪：懂礼知仪展风采 ··················································· 49
　任务一　职场联络礼仪 ···································································· 49
　　　一、电话礼仪要素 ·································································· 50
　　　二、接听电话礼仪 ·································································· 51
　　　三、拨打电话礼仪 ·································································· 52
　　　四、移动电话礼仪 ·································································· 53
　　　五、微信社交礼仪 ·································································· 54
　任务二　会面交往礼仪 ···································································· 56
　　　一、迎送宾客 ········································································ 56
　　　二、称呼 ··············································································· 57
　　　三、问候致意 ········································································ 58
　　　四、握手和拥抱 ····································································· 60
　　　五、介绍自己和介绍他人 ························································· 61
　　　六、名片礼仪 ········································································ 63
　任务三　接待拜访礼仪 ···································································· 64
　　　一、商务接待礼仪 ·································································· 65
　　　二、商务拜访礼仪 ·································································· 66
　任务四　商务宴请礼仪 ···································································· 67
　　　一、宴请种类 ········································································ 68
　　　二、宴请礼仪 ········································································ 71
　　　三、赴宴礼仪 ········································································ 74
　　　四、中餐礼仪 ········································································ 75
　　　五、中餐餐具使用礼仪 ··························································· 76
　　　六、中餐礼节 ········································································ 78
　　　七、西餐礼仪 ········································································ 80
　　　八、西餐的上菜顺序 ······························································· 82
　　　九、西餐进食方法 ·································································· 82
　任务五　礼品馈赠礼仪 ···································································· 85
　　　一、馈赠原则 ········································································ 85
　　　二、馈赠礼品的选择 ······························································· 85
　　　三、馈赠礼品的时机与场合 ····················································· 87

四、接受馈赠 · 88
　　五、赠花 · 88
　　六、馈赠礼品应注意的细节 · 90
项目小结 · 90
学习效果综合测试 · 91
学习笔记 · 92
讨论区 · 92
测试区 · 92

**项目四　场所礼仪：守礼行礼得尊重** · 94
　任务一　位次礼仪 · 94
　　一、行进中的位次礼仪 · 95
　　二、会议中的位次礼仪 · 96
　　三、宴会中的位次礼仪 · 97
　　四、乘车中的位次礼仪 · 98
　　五、谈判中的位次礼仪 · 99
　　六、签字仪式中的位次礼仪 · 100
　任务二　办公场所礼仪 · 101
　　一、办公礼仪的一般规范 · 101
　　二、办公室人际交往礼仪 · 102
　　三、办公室环境礼仪 · 105
　任务三　商务会议礼仪 · 106
　　一、一般会议礼仪 · 106
　　二、专题会议礼仪 · 111
项目小结 · 119
学习效果综合测试 · 119
学习笔记 · 120
讨论区 · 121
测试区 · 121

**项目五　沟通礼仪：语言艺术助成功** · 123
　任务一　职场沟通礼仪 · 123
　　一、沟通的内涵 · 124
　　二、沟通的作用 · 125
　　三、沟通的基本方式 · 126
　　四、乔哈里视窗 · 127
　　五、沟通的障碍 · 128
　任务二　职场沟通技巧 · 130
　　一、表达 · 130
　　二、倾听 · 133

　　　　三、沟通艺术 ········································································· 136
　　项目小结 ················································································· 138
　　学习效果综合测试 ······································································ 138
　　学习笔记 ················································································· 138
　　讨论区 ···················································································· 139
　　测试区 ···················································································· 139

## 项目六　国际礼俗文化：知礼、用礼显风范 ··············································· 141
　　任务一　亚洲主要国家 ······························································· 142
　　　　一、日本 ············································································· 142
　　　　二、新加坡 ·········································································· 145
　　　　三、泰国 ············································································· 146
　　任务二　欧洲及北美洲主要国家 ··················································· 148
　　　　一、英国 ············································································· 149
　　　　二、俄罗斯 ·········································································· 150
　　　　三、美国 ············································································· 152
　　　　四、加拿大 ·········································································· 153
　　任务三　非洲及大洋洲主要国家 ··················································· 155
　　　　一、埃及 ············································································· 155
　　　　二、南非 ············································································· 157
　　　　三、澳大利亚 ······································································· 158
　　　　四、新西兰 ·········································································· 159
　　项目小结 ················································································· 160
　　学习效果综合测试 ······································································ 161
　　学习笔记 ················································································· 163
　　讨论区 ···················································································· 163
　　测试区 ···················································································· 164

## 项目七　面试礼仪：开启职场之门 ··························································· 165
　　任务一　求职面试准备 ······························································· 165
　　　　一、收集、整理相关信息 ······················································· 166
　　　　二、自我认知的简单探索 ······················································· 166
　　　　三、求职材料准备 ································································· 167
　　　　四、面试形象的准备 ····························································· 169
　　任务二　面试现场礼仪 ······························································· 169
　　　　一、提前到达 ······································································· 170
　　　　二、举止礼仪 ······································································· 170
　　　　三、谈吐礼仪 ······································································· 170
　　　　四、情绪礼仪 ······································································· 171
　　任务三　面试沟通技巧 ······························································· 171

一、倾听的技巧 …………………………………………………………………… 172
　　二、语言表达技巧 ………………………………………………………………… 173
　　三、应答技巧 ……………………………………………………………………… 173
　　四、面试中常见的问题举例 ……………………………………………………… 174
项目小结 ……………………………………………………………………………… 176
学习效果综合测试 …………………………………………………………………… 176
学习笔记 ……………………………………………………………………………… 177
讨论区 ………………………………………………………………………………… 177
测试区 ………………………………………………………………………………… 178

**参考文献** …………………………………………………………………………… 179

# 项目一　形象与礼仪概述：探索礼仪之道

## 项目导读

本项目主要介绍形象与礼仪的相关知识，包括礼仪的起源与发展、礼仪的内涵与特征、形象与礼仪的关系，阐明学习礼仪的重要性。在工作中，企业员工拥有良好的职业形象，能够提升企业的整体形象，在日常生活和社会交往中，每个人都应遵守礼仪规范，强化文明修养。

## 学习目标

**知识目标**：了解礼仪的概念、特点和作用。
　　　　　　掌握礼仪的基本原则和基本要求。
　　　　　　掌握形象与礼仪的关系。
**技能目标**：深化对礼仪的理解，能够在日常生活中恰当地运用礼仪。
　　　　　　能够运用所学礼仪知识分析自身行为是否符合礼仪规范。
　　　　　　能够遵守礼仪的基本原则和基本要求。
**素养目标**：树立传承中华优秀传统文化的意识。
　　　　　　把对形象与礼仪的理解和认识用于日常的生活、工作和学习中。
　　　　　　提升职业素养。

## 本项目数字资源

项目一　综合资源（微课+课件）

## 任务一　礼仪的起源与发展

### 思政引领

#### 中国"礼仪之邦"的由来

中国自古以来被称为"衣冠上国""礼仪之邦"。《毛诗序》云："故变风发乎情，止乎礼义。发乎情，民之性也；止乎礼义，先王之泽也。"《礼记》云："凡人之所以为人者，礼义也。"

中华文化源远流长,在五千年的历史长河中,中华民族创造了灿烂的文化,形成了高尚的道德准则、完整的礼仪规范和优秀的传统美德。这从《礼记》中可窥得一二。整个东亚及东南亚文化的精华均传承自华夏文明。中国人以其彬彬有礼的风貌而著称于世。礼仪文明作为中国传统文化的重要组成部分,对中国的社会历史发展有广泛、深远的影响,其内容十分丰富,所涉及的范围广泛,渗透古代社会的各个方面。

在中国古代,礼仪是为了适应社会需要,从宗族制度、等级关系中衍生出来的,因而带有时代的特点及局限性。时至今日,现代礼仪与古代礼仪已有很大差别,我们必须着重发扬对今天仍有积极、普遍意义的传统文明礼仪,如尊老敬贤、仪尚适宜、礼貌待人、容仪有整等,并加以革新与传承。这对培养良好的个人修养,建立协调、和谐的人际关系,塑造文明的社会风气,推进社会主义精神文明建设,具有现代价值。

请思考:你认为什么是礼仪?

中国拥有五千年文明历史,素有"礼仪之邦"的美誉。礼仪文化对整个中国社会历史的影响广泛而深远,已积淀成中华传统文化的重要组成部分。在现代社会,随着市场经济的快速发展,社会交往、国际交往的日益频繁,社会组织和个人对礼仪的重视程度越来越高,有"礼"走遍天下,无"礼"寸步难行,"礼仪"的规范与修养已成为个人立身处世、企业谋生求存的重要基石。

## 一、礼仪的起源

"礼"是一个历史的范畴,它与人类历史一样久远。礼仪是人类文明发展过程中的产物,为适应社会的发展而不断变化,在漫长的历史演变过程中,礼仪的内涵在逐步改变。

礼仪起源于原始的宗教祭祀。豊,古同"礼",本指祭神,后引申为表示敬意,如《说文解字·豊部》云:"豊,行礼之器也。从豆象形,读与礼同。"

"豊"也用以指代祭祀仪式,后添加偏旁"示",而派生为"禮(礼)",以表示"事神之事"。《说文解字·示部》云:"禮,履也。所以事神致福也。从示从豊,豊亦声。"其本义为通过敬事、祭神以致福。《辞海》中对"礼"的解释之一:敬神。从繁体字"禮"(图1-1)的结构来看,左边是"示"字,意为祭祀、敬神;右边是祭品,表示把盛满祭品的祭器摆放在祭台上,献给神灵以求保佑。这是因为在原始社会,生产力水平极低,人类处于原始、蒙昧的状态,对日月星辰、风雨雷电、山崩海啸等自然现象无法解释,从而对自然界产生敬畏感,形成对大自然的崇拜,并按人类的形象想象出各种神灵作为崇拜对象。同时,由于当时的人类对发生的梦幻现象无法解释,从而产生了"灵魂不死"的观念,进而产生了对祖先的崇拜。

图1-1 "礼"字(篆文)

神灵和祖先一直是原始社会主要的崇拜对象。人类通过祭祀活动,表达对神灵和祖先的信仰、崇拜,期望人类的虔诚能感化、影响神灵和祖先,从而得到力量和保护。在他们祭祀神灵以求风调雨顺,祭祀祖先以求少降灾、多赐福的过程中,原始的"礼仪"随之产生了。

礼仪源于协调人类的相互关系的需要。为了生存和发展,人类在与大自然抗争的同时,人类的内部关系，如人与人、部落与部落、国家与国家之间的关系成为人类面临的必须解决的问题。在群体生活中，男女有别、老少有异既是天然的人伦秩序，又是需要被所有人认定、保证和维护的社会秩序。可以说，维持群体生活的人伦秩序和社会秩序是礼仪产生的原始动力。

另外，礼仪并不是由个人创造的，而是在人与人的交往过程中，并被大家一致遵守和沿用的，所以礼仪又是约定俗成的。

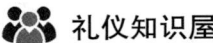 **礼仪知识屋**

## 中国古代礼仪的含义

"礼仪"最早是将"礼"和"仪"分开使用的，但相互之间有着密切的联系。

古代的"礼"主要有以下四种含义。

第一，"礼"指尊敬和礼貌。《说文解字·示部》云："禮，履也。所以事神致福也。"可见"礼"的本义是敬神，即祭祀神灵，祈求降福。后随着人们认识能力的提高，逐步由敬神延伸到敬人。《礼记·月令》云："勉诸侯，聘名士，礼贤者。"《孟子·告子下》云："迎之致敬以有礼，言将行其言也，则就之；礼貌未衰，言弗行也，则去之。"这里的"礼"的含义是尊敬和礼貌，这个含义传承至今，成为现代礼仪的基本内容。

第二，"礼"指典章制度及与之相适应的礼节。"礼"在奴隶社会、封建社会特指等级森严的社会规范和道德规范，同时也指符合双方关系、身份和地位的礼节形式。《礼记·礼器》云："三代之礼一也，民共由之。""三代之礼"指的就是夏、商、周三代的礼仪。《左传·隐公十一年》云："礼，经国家，定社稷，序民人，利后嗣者也。"《论语·先进》云："为国以礼。"三段引文中的"礼"，已不仅指人们的行为规范，还指国家政治、经济、军事等各个方面的典章制度。

第三，"礼"指礼物。《礼记·表记》云："子曰：'无辞不相接也，无礼不相见也，欲民之毋相亵也。'"《晋书·陆纳传》云："及受礼，唯酒一斗，鹿肉一样，坐客愕然。"这里的"礼"指的都是礼物。在现代汉语中，"礼"仍然保留这个含义。

第四，"礼"指仪式。"礼"起源于宗教祭祀，最初表示一套完整的祭祀仪式，后引申为表示敬意或隆重举行的具有一定规模、规格和程序的仪式及行为规范，如吉礼、凶礼、军礼、宾礼、嘉礼五礼，以及民间约定俗成、相沿成习的婚礼、寿礼、丧礼等仪式，都属于这个范围。

古代"仪"的含义主要有以下五种。

第一，"仪"指准则、法度。《墨子·天志》云："故置此以为法，立此以为仪，将以量度天下之王公大人、卿、大夫之仁与不仁，譬之犹分黑白也。"《史记·秦始皇本纪》云："普施明法，经纬天下，永为仪则。""仪"的含义与"礼"的第二种含义相似，指在国家治理中使用的典章制度等。

第二，"仪"指典范、表率。《荀子·正论》云："上者，下之仪也。"古人常以"母仪天下"赞颂皇后的言行风范，其中的"仪"是典范、表率的意思。

第三，"仪"指仪式。《荀子·正论》云："故诸夏之国同服同仪，蛮、夷、戎、狄之国同服不同制。"《晋书·谢安传》中有"以无下舍，诏府中备凶仪"。其中的"仪"都为仪式的意思。

第四,"仪"指容貌、举止。《诗经·大雅·烝民》云:"令仪令色,小心翼翼。"《晋书·祖逖传》云:"逖性豁荡,不修仪检。"《晋书·温峤传》云:"风仪秀整,美于谈论,见者皆爱悦之。"这里的"仪"都是指容貌或举止。

第五,"仪"指礼物。人们所说的谢仪、贺仪、奠仪,就是指在不同的仪式上赠送的礼物。古代典籍将"礼""仪"合用,最早见于《诗经》。《诗经·小雅·楚茨》云:"为宾为客,献酬交错。礼仪卒度,笑语卒获。"

由以上所列举的例子可知,中国古代礼仪博大精深,覆盖了社会生活的各个方面,因而礼仪具有了多重含义。依据不同的含义,礼仪有了不同的称谓:就伦理制度、伦理秩序而言,礼是"国之基""政之本""君之大柄",因此被称为"礼制""礼治";作为待人接物的形式和惯例,被称为"礼节""礼俗";作为个体自身修养,被称为"礼貌";用于处理与他人的关系时,被称为"礼让";用于理性活动或表示思想观念时,又被称为"礼义"等。从不同的称谓可知古代礼仪含义丰富且宽泛,但从本质上讲,中国古代礼仪更偏向于政治体制上的道德教化。

## 二、礼仪的发展

中国历史悠久,文化源远流长。礼仪作为中华民族文化的基础,有着悠久的历史。我国礼仪的发展伴随着人类社会的变迁,经历了从无到有、从低级到高级不断变革、演化的漫长历史。不同时期的礼仪有其显著的特征。

### (一)原始社会时期的礼仪

在原始社会中晚期,早期礼仪开始萌芽,那时的山顶洞人已经开始打扮自己,他们把兽骨、贝壳、野花戴在头上或者挂在脖子上作装饰,在去世的族人身旁撒赤铁矿粉,举行原始的宗教仪式,后者是迄今为止在中国发现的最早的葬仪。原始社会,人类处于蒙昧状态,生产力水平低下,人际关系简单,因此礼仪非常简朴。原始社会没有阶级,只有等级,如老与幼、首领与成员等,社会成员之间是平等的、民主的、有等级的,这个时期的礼仪反映了平等、民主、等级的观念。原始社会的礼仪具有教育社会成员、维护社会秩序、规范生产和生活的作用,在当时,相当于法律。

### (二)奴隶社会时期的礼仪

随着社会生产力的提高,原始社会逐步解体,人类进入了奴隶社会,礼仪被打上阶级的烙印。奴隶主为了维护其统治,将原始的祭祀仪式发展成符合奴隶制社会需要的伦理道德规范,礼仪成为维护奴隶主尊严和权威、调整统治阶级内部关系、麻痹和统治人民的工具。例如,"三礼"[即《周礼》(见图1-2)、《仪礼》和《礼记》]全面、系统地反映了西周时期的礼仪制度,标志着礼仪已经进入系统、完备的阶段,并由原先的祭祀神灵、祖先扩展到全面制约人的行为。奴隶社会的"尊君"观念成为礼仪制度的核心,奴隶和奴隶主之间没有平等可言,妇女得不到起码的尊重。奴隶主通过礼仪制度不断地强化尊卑意识,以维护统治阶级的利益,巩固其统治地位。在这个时期,我国出现了孔子、孟子等一大批"礼学家",第一次形成了完整的礼仪制度,提出了许多重要的礼仪概念和规范,确定了我国崇古重礼的文化传统。"三礼"等珍贵的典籍和文献，是我国礼仪的经典之作，对我国后世的礼仪建设起到了不可估量的作用。

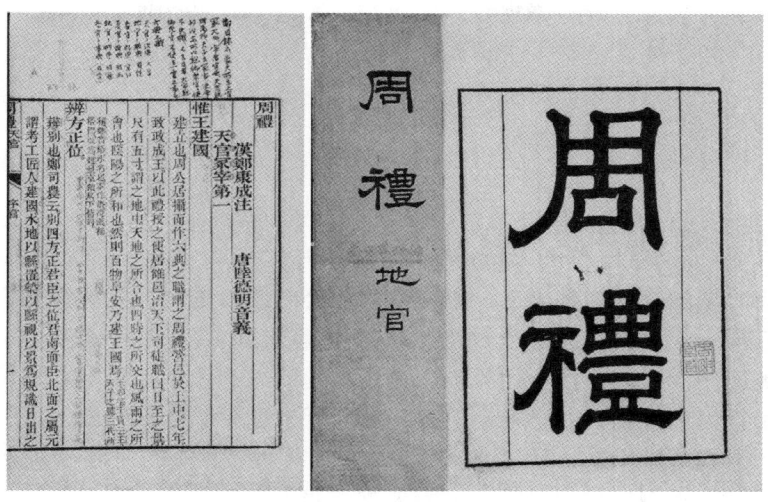

图1-2 《周礼》

### 礼仪故事屋

#### 孔子尊师

公元前521年春，孔子（见图1-3）得知他的学生南宫敬叔奉鲁国国君之命，要前往周朝京都洛阳朝拜天子，觉得这是个向任周朝守藏史的老子请教"礼制"学识的好机会，于是征得鲁昭公的同意后，与南宫敬叔同行。到达京都的第二天，孔子便去拜访老子。老子听说誉满天下的孔子前来拜访，赶忙放下手中的笔，整顿衣冠出迎。孔子见从大门里出来一位年逾古稀、精神矍铄的老人，料想这便是老子，急趋向前，恭恭敬敬地向老子行了弟子礼。进入大厅后，孔子再拜才坐下来。老子问孔子为何事而来，孔子离座回答："我学识浅薄，对古代的'礼制'一无所知，特地向老师请教。"老子见孔子这样诚恳，便详细地阐述了自己的见解。

图1-3 孔子

回到鲁国后,孔子的学生们请他讲解老子的学识。孔子说:"老子博古通今,通礼乐之源,明道德之归,确实是我的好老师。"同时还打比方赞扬老子,他说:"鸟儿,我知道它能飞;鱼儿,我知道它能游;野兽,我知道它能跑。善跑的野兽,我可以结网来逮住它;会游的鱼儿,我可以将丝条缚在鱼钩上来钓到它;高飞的鸟儿,我可以用良箭把它射下来。至于龙,我却不知道它是如何乘风云而上天的。老子,他就像一条龙啊!"(注:选自《史记·老子韩非列传》)

### (三)封建社会时期的礼仪

在奴隶社会时期的礼仪的基础上,顺应封建社会的统治需要,礼仪得到进一步深化和发展。封建礼制在最大限度地被应用于封建社会的统治的同时,通过一系列的教化,礼制的规范和要求不仅被应用于社会生活,而且被内化为人们的思想意识,指导和规范人们的言行,成为人们思想和行为的准则。奴隶社会的"尊君"观念在封建社会时期发展为"君权神授"的理论体系,即君权是神给的,所以"天不变,道亦不变"。"道"指的就是著名的"三纲五常","三纲"即君为臣纲、父为子纲、夫为妻纲";"五常"即"仁、义、礼、智、信"。"三纲五常"形成了完整的封建礼仪、道德规范。到了宋朝,封建礼制有了进一步发展,诞生了完整的封建理学理论,并把道德和行为规范作为封建礼制的中心。明清时期延续了宋朝以来的封建礼仪、道德规范,并进一步完善。"君权神授"夸大、神化了帝王权力,"三纲五常"等使人们的个性发展受到极大的压抑,限制了人们的平等交往。封建礼仪集政治、法律、道德于一身,虽然是统治阶级最重要的统治工具,但是为调整封建社会时期人们的关系,为中华民族形成具有特色的传统伦理道德准则提供了标准,在历史上发挥了一定的积极作用。

### (四)近代社会时期的礼仪

在进入近代社会后,西方的政治、经济、文化、思想,以及资本主义的道德、礼仪开始影响中国。在这个时期,中国传统礼仪和资本主义礼仪相互碰撞,在一定范围和一定层次上相互融合,形成中西合璧的礼仪。资本主义礼仪的传入方式虽然不光彩,但受到了中国部分阶层的欢迎,并逐步推广到各个阶层和社会生活的各个方面。资本主义礼仪在中国的推广和实施,在一定程度上促进了世界各国礼仪与道德文化的交流和学习。

### (五)现代社会时期的礼仪

中华人民共和国成立以后,国家的社会性质发生了根本性变化,礼仪同道德一起,为形成良好的社会公德、提高人民素质作出了贡献。现代社会的礼仪,既继承和弘扬了中华民族的传统美德,又学习和吸收了其他国家的先进礼仪。这些礼仪形成了人与人之间诚恳相待、助人为乐等公认的良好社会风尚。改革开放以后,随着同世界各国交流的增多,中国的礼仪增加了许多新的内容,更加符合国际要求。中国现代礼仪在中国传统礼仪的基础上,取其精华、去其糟粕,继承和发扬了中华民族在礼仪方面的优良传统,同时具有时代的特点,在新的领域同国际礼仪接轨,符合国际通行原则。可见,具备礼仪意识和掌握更多礼仪知识是符合时代要求、顺应潮流发展的。

## 任务二　礼仪的内涵与特征

> **思政引领**
>
> **致敬劳动美　共筑中国梦——"最美杭州人"孙坚的故事**
>
> 礼仪不仅仅是一种外在的表现形式，更体现了一个人内在的道德、文化和艺术修养。礼仪之美，美在形，更美在心！
>
> 孙坚是杭州市西湖水域管理处风景园林科科长，他是西湖水域的"护荷高手"，辛勤养荷，只为呈现西湖"映日荷花别样红"的盛景；他是西湖船舶有序营运的"首席舵手"，面对船舶管理问题迎难而上，呵护了游客泛舟西湖的雅兴；他也是西湖水域的"安全卫士"，铸就了西湖水面一道强有力的安保屏障。
>
> 说到西湖的"水下森林"，大家一定不陌生，这4个字背后有着人们看不见的辛勤付出。2010年年初，孙坚负责在茅家埠、乌龟潭水域试种沉水植物的监管工作。通过多年努力，越来越多的沉水植物成功栽种在西里湖、小南湖、北里湖等区域。高颜值的"水下森林"不仅能固化湖底淤泥，还能吸收西湖的富养元素，提高水体透明度和溶解氧。目前，西湖沉水植物的总面积达31万多平方米，西里湖等区域的沉水植物群落已实现四季自然更替，成为西湖生物的"水下乐园"。每次看到西湖水质越来越好，孙坚和同事都会觉得付出的心血非常值得。从业30年来，他用脚丈量着38千米长的湖岸线、用心呵护着6.5平方千米的湖面，他全心全意、无私奉献，只为给游客呈现最美风景。
>
> 实现中华民族伟大复兴是近代以来中华民族最伟大的梦想。通往梦想的道路需要劳动铺就，想要摘到梦想的果实，就必须依靠劳动去支撑。无论时代怎么发展，劳动都是奏响社会发展的最美旋律。劳动创造美，劳动创造世界，劳动创造未来。因为劳动，所以美丽，那些像孙坚一样奋战在我们身边各条"战线"，坚守在不同岗位上的广大劳动者们，用无私的汗水滋润着一方热土。他们默默无闻坚守着岗位职责，用汗水和智慧默默书写着属于自己的光荣篇章，他们是最有"礼"的人。
>
> （资料来源：《杭州日报》）

### 一、礼仪的内涵

#### 1. 礼仪

在我国，"礼"和"仪"有时是分开使用的。《辞海》对"礼"的解释比较常见的主要有三种：一为敬神，引申为敬意的通称；二为社会生活中由于风俗习惯而形成的为大家共同遵奉的仪式；三为礼物。"仪"在《辞海》中有礼节、法度、容貌等含义。由此可见，礼仪的含义相当宽泛。

当前，我国礼仪界的学者们通常认为，礼仪是人们在社会交往中，为了表示相互尊重而共同遵守的行为准则和道德规范。它既可以指在较大、较隆重的场合为表示礼貌、尊重而举行的礼宾仪式，也可以泛指人们交往的礼节。礼仪是对礼貌、礼节的统称。礼的本质是"诚"，有敬重、友好、谦恭、关心、体贴之意；礼是指在人际交往乃至国际交往中，相互表示尊重、亲善和友好。对社会而言，礼仪是在正式交往活动中采取的行为、语言规范；对个人而言，礼仪是人们在社会生活中处理人际关系时约束自己、尊重他人的准则。一个人对自己、对集体、对工作、对自然、对社会、对国家的尊重之意、热爱之情，用得体、美好的言谈举止、仪式表达出来的就是礼仪。

### 2. 礼貌

礼貌是指人们在交往过程中通过言语、行动向交往对象表示敬意和友好的行为，是人们在待人接物时的外在表现，包括以下两个方面：礼貌的行为，指无声的语言（仪容、仪表、仪态）；礼貌的语言，指有声的语言（敬语、说话和气、言谈得体）。

礼貌反映了时代的道德风尚，以及人们的文化层次和文明程度。人们在相互交往中有礼貌，不仅体现了相互尊重和友好合作的新型关系，而且有助于调节人与人之间的关系，缓解和避免某些不必要的矛盾与冲突。

### 3. 礼节

礼节是指人们在日常生活中，待人接物的行为准则，特别是在交际场合中，礼节是人们相互表示问候、致意、祝愿、慰问，以及给予必要的协助与照料的惯用形式。礼节是礼貌的具体表现，具有形式化的特点，如握手、鼓掌、鞠躬、拥抱、接吻、点头致意等。

## 礼仪故事屋

### 曾子避席

"曾子避席"出自《孝经》，是一个非常著名的故事。曾子是孔子的弟子，有一次他在孔子身边侍坐，孔子就问他："以前的圣贤有至高无上的德行、精要奥妙的理论，可以用来教导天下人，百姓就能和睦相处，君臣之间没有不满，你知道这是什么样的德行和理论吗？"曾子听了，明白孔子是要指点他深刻的道理，于是立刻从坐着的席子上站起来，走到席子外面，恭恭敬敬地回答道："我不够聪明，哪里能知道呢？还请老师把这些道理教给我。"

在这里，"避席"是一种非常礼貌的行为，当曾子意识到老师要向他传授知识时，他起身走到席子外向老师请教，是为了表示他对老师的尊重。曾子懂礼貌的故事被后人传颂，很多人都向他学习。

## 二、礼仪的特征

### 1. 社会性

礼仪的社会性体现在两个方面，一是从礼仪的起源和发展来看，礼仪于原始社会时期萌芽，并贯穿整个人类社会发展过程。无论是在结绳记事、刀耕火种的远古社会，还是在科技发达、文明程度较高的现代社会，礼仪都具有广泛的社会性，并随着社会的进步而进步，随着时代的发展而发展。只要人类社会存在，人与人之间的关系就存在；只要存在人与人之间的关系，就会有规范人的行为规则的礼仪存在。二是从现代礼仪的功能和应用的范围来看，礼仪作为一种社会规范，涉及社会的各个领域，渗透于各种社会关系之中，调节着社会成员在社会生活中的诸多关系，从而使社会更和谐、更有序、更文明、更进步。

### 2. 规范性

礼仪指的是人们在各种交际场合必须遵守的行为规范。它的规范性，不仅约束着人们的言谈举止，使之合乎礼仪，而且是人们在各种交际场合必须采用的一种"通用语言"，是衡量他人、判断自己是否自律、敬人的一种尺度。礼仪具有一定的标准和规则，它的形成不是人们抽象思维的结果，而是人们在人际交往的实践中所形成的，并以某种风俗习惯和传统方式固定下来的行为模式，是体现当代社会的要求并被人们普遍遵循的行为准则。这种行为准则，制约着人们在交往中的言谈举止，体现人们的礼仪修养。遵循这种行为准则，就是符合礼仪的要求；违反这种行为准则，就是违反礼仪的要求。例如，国际通用的握手礼，其出手、力度和握手时间的长短都有要求：不能用左手，不能太用力，握的时间不能太长，否则就是失礼。

礼仪规范在一定范围内往往具有人们共同认可的某种意义，在交际时必须按其代表的意义行事，不能标新立异、别出心裁，否则会产生误解，影响沟通。例如，写信不能用红笔，用红笔写信表示的意义是绝交；把戒指戴在不同的手指上所表示的意义是不一样的。在人际交往中出现的沟通障碍，往往是由于交际的一方或双方没有遵循礼仪规范造成的。学习礼仪规范的目的，就是要掌握在不同的交际场合、面对不同的交际对象，知道应该怎么做、不应该怎么做，使自己的交际行为完全符合礼仪的规范性要求。因此，任何人要想在交际场合表现得合乎礼仪、彬彬有礼，都必须对礼仪规范无条件地遵守。另起炉灶，自搞一套，或者只遵守个人适应的部分，而不遵守自己不适应的部分，都难以为交往对象所接受、所理解。

### 3. 互动性

礼仪是交际双方互相表示尊重、友好的体现，具有明显的互动性。礼仪的互动性是指当交往的一方主动向对方施礼时，另一方要作出相应的回礼，如互相问候、互相握手、互相拥抱等。"来而不往，非礼也。"如果受礼者不回礼，则是轻视他人的失礼行为。体现礼仪互动性的过程就是体现交际双方"你敬我，我也敬你"的过程。在互动过程中，施礼有先后顺序，谁先施礼要受交际环境和交际对象的限定。例如，在对客户服务的过程中，应是员工先向服务对象施礼；学生见到老师，应是学生先向老师施礼；与长者交往，应是年轻者先向年长者施礼；上下级之间交往，应是下级先向上级施礼，以体现对对方的尊重等。

### 4. 限定性

礼仪适用于普通情况的人际交往。在特定范围内，礼仪肯定行之有效。离开特定的范围，礼仪未必适用，这就是礼仪的限定性。理解了这个特征，就不会把礼仪当成"放之四海而皆准"的东西，也不会在非交际场合用礼仪以不变应万变。必须明确，当所处交际场合不同、所具有的身份不同时，所用的礼仪往往各有不同，有时差异甚至还会很大，这一点是不容忽略的。

### 5. 可操作性

具有切实有效、实用可行、规则简明、便于使用的可操作性是礼仪的一大特征。礼仪不是纸上谈兵，而是既有总体的礼仪原则、礼仪规范，又在具体细节上以一系列的方式、方法，仔细、周详地对礼仪原则、礼仪规范加以贯彻，把它们落到实处，使之"言之有物""行之有礼"。礼仪的易记、易行，使其被人们广泛地运用于交际实践中，并受到广泛认可，这进一步促使礼仪以易记、易行为第一要旨。

## 任务三　形象与礼仪的关系

**思政引领**

中国人的故事　新时代劳动者最美！

在五一劳动节来临之际，来自不同行业的谭文波、林鸣等十一人获得2018年全国"最美职工"称号。

祖孙三代的特殊相逢：家是最小国，国是千万家。

在中国石油西部钻探工程有限公司员工谭文波的工作室里，有一个玻璃柜子，里面放着石油工人的工服、马灯、铝盔及手抄的《我为祖国献石油》歌词，这些物品的主人是他的父亲、中华人民共和国第一代石油工人。

谭文波说："我的父亲是石油工人，我自己也干了这一行。"小时候，父亲早出晚归的辛苦让他看在眼里。当时父亲是搞地质勘探的，因为那时的勘探完全靠人工测量，有一次父亲上山勘探后便迷了路，一天一夜都被困在荒山野岭间。

此外，当时因为没有公路，好多设备都不能上山，只能在山下拆卸后通过人工扛上山。看着父亲因常年在外作业而褶皱的双手和被重物压弯的腰，他便不断思考着如何通过自己的努力帮助父亲减轻工作压力。

谭文波从四川石油管理局技工学校毕业后，便在父亲的影响下从重庆来到新疆，成为一名石油工人。1997年年底，他开始负责公司新技术、新工艺的研发与实验推广。经过十余年的努力，2010年6月，谭文波发明出连续油管液压助排器，使工人排管、倒管的工作效率大幅度提高。同年8月，他在传统工具上新增打捞功能，使通井与打捞可以同时进行，大大提高了作业效率。

为了有更多的时间搞研究，他在自己家里改装了一间工作室，在这里，他把与工作相关的技术书籍全部"啃"了下来，记录了十几万字的读书笔记。

这间小小的工作室见证了他陪伴儿子成长的时光。谭文波说："孩子出生之后带给我一些思考，我要怎样才能成为儿子的榜样？那时我才真正明白责任心是什么。"

谭文波回忆在送儿子上大学的路上："火车上，有人问我儿子是哪里人，儿子说自己是中石油的孩子，哪里有石油，哪里就是他的家。"

从"头戴铝盔走天涯，改造世界雄心大"，到"我为石油献青春，献完青春献子孙"，斗转星移，祖孙三代人见证着石油工人如何用劳动写就祖国工业化的史诗，如何用赤子之心熔铸国之脊梁。

（资料来源：中国青年网）

讨论：你眼中最美的人是谁？

### 一、礼仪的作用

清朝思想家颜元曾就礼仪的重要性做过以下描述："国尚礼则国昌，家尚礼则家大，身有礼则身修，心有礼则心泰。"

礼仪已然渗透于日常生活的方方面面，无时无刻不在发挥着它的作用。礼仪之所以被提倡，受到社会各界的普遍重视，主要是因为它具有多个重要的作用，既有助于个人，又有助于社会。礼仪的作用主要体现在以下几个方面。

1. 教育导向

在社会生活中，礼仪对国民综合素质，尤其是道德素质的提高，有着十分重要的教育导向功能。加强礼仪教育，提高全体国民的道德素质，做到讲文明、讲礼貌，社会就会更安定、更和谐。

礼仪对于个人的教育导向作用尤为突出。学习礼仪，可以提高自身的道德修养和文明程度，更好地展示自身的优雅风度和良好形象。一个彬彬有礼、言谈有致的人，会受到人们的尊重和赞扬，同时，也会给周围人、给社会带来温暖和欢乐。礼仪教育是培养和造就社会人才的重要内容，其教育导向作用是显而易见的。

2. 沟通和协调

礼仪行为是一种信息性很强的行为，每一种礼仪行为都能表达一种甚至多种信息，可促进人际交往，改善人们的关系。沟通和协调是礼仪的又一个重要作用。现代社会的人际交往日益增多，人们通过社交调节生活、建立友谊、融洽关系、增长见识、扩展信息。讲究礼仪，可以唤起人们的沟通欲望，建立好感和信任，形成和谐、良好的人际关系，促进人际交往的成功，并使人际交往范围扩大，进而有助于事业的发展。

由于每个人的社会地位、经济实力、文化背景不同，性格、职业、年龄、性别存在差异，因此人们在人际交往中常常表现出不同的价值取向。礼仪作为社会交往的规范和准则，可以很好地协调人们之间的关系，起到"润滑剂"的作用。可以说，礼仪的学习和应用，有利于建立新型的人际关系，使人们在人际交往中严于律己、宽以待人、互尊互敬、和睦相处，形成良好的社会环境和健康向上的社会风尚。

3. 规范行为

礼仪作为社会行为规范，对人们的行为有很强的约束力。在维护社会秩序方面，礼仪起着法律起不了的作用。在社会生活中，不论是生产活动，还是日常生活，人们都必须按照一定的客观规律办事情，都必须维护正常的社会秩序。每个人的行为举止都必须遵守一定的道德准则和行为规范。礼仪约束着人们的动机和态度，规范着人们的行为举止，协调着人与人之间的关系。可以说社会的稳定运行、社会秩序的有条不紊、人际关系的协调融洽，都依赖于人们共同遵守礼仪规范和要求。正是因为礼仪有规范行为的作用，人们自觉遵守礼仪规范和要求，才能培养良好的社会风尚和道德习惯，保证社会正常的生产和生活秩序。讲礼仪的人越多，社会便会越和谐、稳定。

4. 促进社会发展

礼仪具有推动社会进步、发展社会主义精神文明的功能。孔子主张"为政以德"，即以德治国，并认为"道之以政，齐之以刑，民免而无耻；道之以德，齐之以礼，有耻且格"，这充分说明了礼仪在国家建设和社会发展中的重要地位与作用。

## 二、形象的价值

### 1. 个人形象

得体地塑造和维护个人形象，包括发型、着装、表情、言谈举止等，会给初次见面的友人以良好的第一印象。如果我们能做到形象提升，一直对自己的外表、言谈举止有严格要求，就会是人群中最迷人、最漂亮的。

良好的个人形象有助于提升个人自信。人对美的事物总是向往的。如果经常听身边的朋友夸赞你气质佳、颜值高，时间久了你就会得到自我认可。外表的自信，能使人更自如地面对与自己交往的对象。

在面试时，面试官对面试者的第一印象通常来自形象，可见一个人的形象很重要。除了在面试时，在和客户交流或者做营销推广时，形象都是相当重要的，所以人们一定要打造专业的个人形象。

### 2. 企业形象

企业形象是公众从不同角度对企业看法的综合体现。企业形象可分为内部形象和外部形象。良好的企业形象是一笔无形的财富。在日趋复杂的经济环境中，人们对商品广告并不太感兴趣，却都十分信赖形象好的企业。

企业的内部形象塑造有着重要的意义，良好的内部形象能够促进企业内部的协调与合作。现代企业组织机构庞大，员工数量较多，要顺利发展，取得成功，关键就在于企业要形成团结、和谐的协作关系，即增强员工的向心力和归属感。一个企业的兴衰成败，取决于全体员工是否具有积极进取的精神风貌。

从外部形象来看，良好的外部形象能够传递企业信息，树立良好的社会形象，因此在企业作出成就和贡献时，应及时与公众沟通，使公众对企业产生深刻的印象和好感，形成广为人知的良好企业形象。塑造企业的外部形象的常见方式是影响和改变公众的态度，创造有利的舆论环境，及时与公众沟通（表达企业的善意情感是影响公众态度的重要因素）。

### 3. 国家形象

国家形象虽然比较抽象，但影响国家形象的因素大多是具体的，甚至是细微的。事实上，从国民个人的一言一行，到企业、机构等对外经贸往来的一举一动，乃至一件出口商品的质量，都影响着人们对一个国家形象的认知与评价。

有人说，确立一个国家的声望需要许多年的时间，而失去声望却只需要几分钟。这个说法未必准确，却从侧面说明了国家形象的成难毁易。正因此，国家形象需要我们倍加珍惜，不因一己之失而伤大义。国家形象的塑造急不得，唯聚沙成塔，集腋成裘，国家形象方能有大的提升。国家形象不是装出来的、遮出来的，只有内铸好品质，方能外树好形象。

国家形象是一个国家综合国力的具体体现，是民族文化与精神的一种外化，更是一个国家的"软实力"。在复杂的国际合作与竞争中，国家形象有着重要的战略意义。许多国家正是从这样的高度来认知、打造和提升自己的国家形象的。同时，塑造国家形象不仅是政府的事情，还是每一个公民的事情，个人、企业及机构等，对维护和提升国家形象，都负有不可推卸的责任。每个人都应该用自己文明的言行举止为国家形象增光添彩。

## 三、礼仪对形象的塑造

现代社会，人们常把礼仪看作一个民族的精神面貌和凝聚力的体现，礼仪是精神文明的一个重要组成部分。礼仪讲究和谐，重视内在美和外在美的统一。礼仪在行为美学方面指导着人们不断地充实和完善自我，并潜移默化地熏陶着人们的心灵。人们的谈吐变得越来越文明，人们的装饰、打扮变得越来越富有个性，举止、仪态越来越优雅，并符合大众的审美原则，体现出时代特色和精神风貌。学习礼仪、遵守礼仪，可以净化社会风气，提升个人和社会的精神品位，展示良好形象，推动精神文明建设，促进社会和谐发展。

### 礼仪知识屋

#### 商务礼仪的"3A原则"

"3A原则"是商务礼仪的基本原则，是美国学者布吉尼教授提出来的。"3A原则"中的"3A"是三个以A开头的英语单词，其中文意思分别是"接受（Accept）别人""重视（Appreciate）别人""赞美（Admire）别人"。"3A原则"强调在商务交往中处理人际关系最重要的、最需要注意的问题，告诫人们在商务交往中不能只见到物而忘掉人，强调人的重要性，要注意人际关系的处理，不然就会影响商务交往的效果。"3A原则"是讲尊重交往对象的三大途径。

第一，接受别人。宽以待人，不要难为别人，让别人难堪，比如，在交谈时有"三不准"：不准打断别人，不准轻易地补充别人，不准随意更正别人。因为事物的答案有时不止有一个。

第二，重视别人。欣赏别人，看到别人的优点，不要专找别人的缺点，更不要当众指正。重视别人的技巧：一是在人际交往中要善于使用尊称，如使用行政职务、技术职称等；二是记住别人，比如，要接过名片看，记不住时不要张冠李戴。

第三，赞美别人。对交往对象应该给予赞美和肯定，懂得欣赏别人的人实际上是在欣赏自己。赞美别人的技巧：一是实事求是，不能太夸张；二是适合别人，要夸到点子上。

# 项 目 小 结

礼仪是人们在社会交往中，为了表示相互尊重而共同遵守的约定俗成的道德准则和行为规范。它既可以指在较大、较隆重的场合为表示礼貌、庄重而举行的礼宾仪式，也可以泛指人们相互交往的礼节、礼貌。礼仪是对礼貌、礼节、仪式的统称。

礼貌、礼节、仪式是现代礼仪范畴的基本概念。礼貌是指人们在交往过程中通过言语、行动向交往对象表示敬意和友好的行为，是一个人在待人接物时的外在表现；礼节是指人们在日常生活中，待人接物的行为规范，特别是在交际场合中，礼节是相互表示问候、致意、祝愿、慰问及给予必要的协助与照料的惯用形式；仪式是一种正式的礼节形式，是指为表示礼貌和尊重在一定交际场合举行的、具有专门程序的、规范化的活动。

礼仪起源于原始社会，发展于奴隶社会，演变于封建社会，革新于现代社会，在历史发展的长河中起到传承中华文明、弘扬道德、推动社会进步的作用。

现代礼仪具有社会性、规范性、传承性、多样性、互动性、民族性等特点，其作用主要体现在教育导向、提高文明素质、规范行为、塑造良好形象、调节人际关系、维护社会和谐稳定等方面。要真正理解和正确运用礼仪规范，就必须掌握现代礼仪的相关原则。

## 学习效果综合测试

1. 什么是礼仪、礼貌、礼节、仪式？
2. 礼貌、礼节、仪式有什么联系和区别？
3. 简述礼仪的主要作用与基本原则。
4. 简述礼仪的特征。
5. 案例分析。

某海滨城市风景秀丽，其朝阳大街，高耸着一座宏伟大厦，大厦顶上的"远东贸易公司"六个大字格外醒目。某照明器材厂的业务员金先生按原计划，手拿器材厂新设计的照明器材样品，兴冲冲地登上六楼，脸上的汗珠还未及时擦一下，便直接走进了业务部张经理的办公室。正在处理业务的张经理被吓了一跳。"对不起，这是我们器材厂设计的新产品，请您过目。"金先生说。张经理停下手中的工作，接过金先生递过的照明器材，随口赞道："好漂亮啊！"并请金先生坐下，倒上一杯茶递给他，拿起照明器材仔细研究起来。金先生看到张经理对新产品如此感兴趣，便往沙发上一靠，跷起二郎腿，一边吸烟，一边悠闲地环视着张经理的办公室。当张经理问他电源开关为什么装在这个位置时，金先生习惯性地用手挠了挠头皮。虽然金先生进行了详尽解释，但张经理还是有点半信半疑。在谈到价格时，张经理强调："这个价格比我们预算高出较多，能否再降低一些？"金先生回答："我们经理说了，这是最低价格，不能再降了。"张经理沉吟半天没有开口，金先生却有点沉不住气，不由自主地拉松领带，盯着张经理。张经理皱了皱眉，问道："这种照明器材的性能先进在什么地方？"金先生又挠了挠头皮，反反复复地说："造型新、寿命长、省电。"张经理找借口离开了办公室，只剩下金先生一个人。金先生等了一会儿，感到无聊，便非常随便地拿起办公桌上的电话打给一个朋友闲谈起来。这时，门被推开，进来的却不是张经理，而是办公室秘书。

**问题：** 请指出金先生的失礼之处，并说明原因。

## 学 习 笔 记

学习重点与难点：

已解决的问题与解决方法：

待（未）解决的问题：

学习体会与收获：

## 讨 论 区

1. 你认为什么是礼仪？
2. 谈一谈形象对个人的重要性。

## 测 试 区

一、单选题

1.（　　）是人们在社会交往中受历史传统、风俗习惯、宗教信仰、时代潮流等因素的影响而形成，既为人们所认同，又为人们所遵守的。
　　A. 礼仪　　　　　　B. 礼节　　　　　　C. 礼貌　　　　　　D. 仪表
2. 礼仪的根本是（　　）。
　　A. 形象　　　　　　B. 交流　　　　　　C. 尊重　　　　　　D. 自信

## 二、判断题（正确的在括号中写"T"，错误的在括号中写"F"）

1. "3A原则"是美国学者布吉林教授提出来的，因此又叫"布吉林3A原则"。（    ）
2. 良好的企业形象是一笔无形的财富。（    ）
3. 礼仪在国家建设和社会发展中具有重要地位和作用。（    ）

## 三、多选题

1. "3A原则"的内容是（    ）。
   A. 接受别人　　　　B. 欣赏别人　　　　C. 赞美别人　　　　D. 逢迎别人
2. 礼仪可以维护（    ）的形象。
   A. 个人　　　　　　B. 企业　　　　　　C. 国家　　　　　　D. 单位
3. 学习职场礼仪的主要目的是（    ）。
   A. 提高个人素质和修养　　　　　　B. 吸引别人注意
   C. 尽快升职加薪　　　　　　　　　D. 维护企业形象
4. 在商务交往中，商务礼仪的作用是（    ）。
   A. 提高素质　　　　B. 塑造形象　　　　C. 增强沟通能力　　D. 提高交际能力
5. 自尊的三个要点包括（    ）。
   A. 尊重自我　　　　　　　　　　　B. 尊重自己的职业
   C. 尊重自己所在的单位　　　　　　D. 尊重他人
6. 服务礼仪的基本要求是（    ）。
   A. 文明　　　　　　B. 礼貌　　　　　　C. 热情　　　　　　D. 周到

测试答案

# 项目二 职业形象礼仪：举手投足展魅力

## 项目导读

个人的外在形象是职场活动中的第一张名片，良好的形象和得体的谈吐能够直接促进职业活动的顺利开展。本项目主要介绍职业形象礼仪相关知识，包括人们在仪容、服饰、仪态等方面的基本礼仪规范，为塑造职场形象提供详细而全面的参考。

## 学习目标

**知识目标**：了解职业形象礼仪的内涵。
掌握仪容修饰的方式，以及面部表情的合理运用。
掌握着装的原则，以及男士西装、女士职业套裙的着装规范。
学会领带的扎法，掌握配饰礼仪。
学会规范地站、坐、走、蹲等姿势。

**技能目标**：深化对职业形象礼仪的理解，能够在日常生活中恰当地运用。
能够运用所学职业形象礼仪知识分析自身行为是否符合礼仪规范。
能够遵守职业形象礼仪的基本原则和要求。

**素养目标**：树立传承中华优秀传统文化的意识。
把对形象与礼仪的理解与认识用于日常的生活、工作和学习中。
提升职业素养。

## 本项目数字资源

项目二　综合资源（微课+课件）

# 任务一　仪容礼仪

**思政引领**

## 北京奥运会礼仪人员妆容

2008年北京奥运会时，礼仪人员的妆容十分素雅，重点描画了眼部，其他部分都是裸妆范儿。眼线画法强调眼尾部分，在下眼线外侧加重，并与上眼线连接，营造出婉约的感觉。下眼线稍微向上提，显得整个人眼神锐利却不刁蛮。底妆是整个妆容的重点，没有夸张地让肌肤看上去白皙无瑕，强调的是自然、通透的健康肤色。

**请思考**：你认为规范的仪容礼仪是什么？

仪容礼仪包括个人卫生礼仪、举止礼仪、美容美发礼仪、服饰礼仪，是为维系社会和谐而要求人们共同遵守的起码的道德规范，也是人们在长期的生活和交往中逐渐形成，并且以风俗、习惯等方式固定下来的。

仪容美有3个层次。首先是仪容自然美，它是指人的容貌、形体、体态等的协调、优美，即人的自然美。其次是仪容修饰美，它是指依照仪容礼仪与个人条件，对仪容进行必要的修饰，扬其长、避其短，设计、塑造美好的个人形象。最后是仪容内在美，它是指通过努力学习，不断提高个人的文化、艺术素养和思想、道德水准，培养个人的高雅气质与美好心灵，使自己秀外慧中、表里如一。仪容自然美、仪容修饰美和仪容内在美高度统一（见图2-1），仪容内在美是最高境界，仪容自然美是心愿，仪容修饰美是仪容礼仪关注的重点。

仪容的修饰内容包括头发、面容等露在服装之外的部分，要求兼具仪容自然美、仪容修饰美，进而达到仪容自然美和仪容修饰美的和谐统一，这不仅会给人以美感，而且容易使自己获得他人的信任。相比之下，将仪容弄得花里胡哨、轻浮怪诞是得不偿失的。

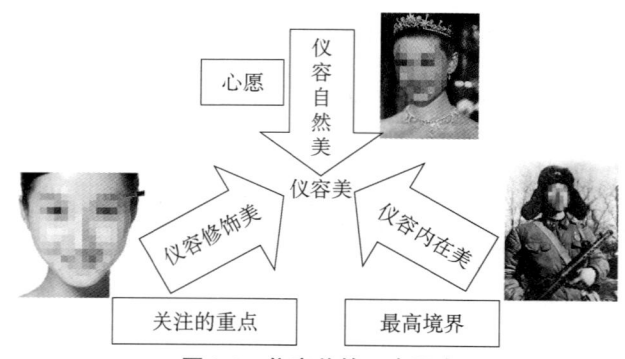

图2-1　仪容美的3个层次

## 一、头发的修饰

任何事情都是从"头"开始的。合适的发型既修饰头型，又修饰脸型，职场中的发型以简洁、大方为佳。礼仪专家指出，人们在职场中碰面时，第一眼吸引对方的主要是发型、妆容和饰品等。

## （一）保持头发的清洁与健康

头发要经常清洗，以保持清洁和健康。在现在的生活环境中，灰尘、粉尘、化学物品及各种细菌、霉菌无时无刻不在"侵袭"着人们的头发，工作一天下来，不知有多少脏东西落在头发上。如果使用发胶、摩丝，则头发吸附的脏东西更是超乎想象，致使头发受损并失去光泽，显得暗淡、无生机。

蓬松的头发能够提升面部的亮度，使人看起来神采奕奕。因此，在参加重要活动之前，一定要清洗头发，以去除头屑和异味，保持头发蓬松、健康、清爽，从而增添自信。

## （二）正确的洗发与护发

正确的洗发方法：先用梳子把头发梳开，用温水将头发冲洗一遍，这样可以洗掉一部分吸附在头发上的灰尘及头屑等脏东西。再加洗发水揉洗，冲净，如此重复两次，第一次能洗掉油垢和做发型的辅助用品，第二次能使头发蓬松。注意不要用过热的水冲洗头发，热水会伤害头皮，高温会使头皮因水分流失而变得干燥。正确的洗发手法是用指腹在头皮上按摩、打圈，不要用指甲揉搓头皮，这样容易使头皮受伤。

人的发质大致可以分为干性、中性和油性3种。在购买洗发水时，一定要选择适合自己发质的，具体可以根据pH值来判断：中性发质者宜选用pH值在7左右的洗发水；干性发质者宜选用pH值为4.5~5.5的弱酸性洗发水，不能用pH值大于8的碱性洗发水，否则会加速头发的老化，致使头发脱落；油性发质者最适合的是pH值大于7的弱碱性洗发水，它可以适度地洗去头发上过多的油垢，并保留头发上应有的油脂。

由于烫发、拉发、染发所用的药水都属于高碱性溶剂，因此烫、拉、染后头发乃至毛囊都会受到损伤，这种受损发质最好使用中性或pH值为4.5~5.5的弱酸性洗发水，借以中和高碱性药水，保持头发的弹性。

皮肤易过敏、发质较差、易脱发的人，可以选择温和型的洗发水。

## （三）选择合适的发型

### 1. 男士发型

男士发型要体现简洁、大方的原则。男士发型的具体要求：前发不超过额头的一半，侧发不遮盖耳朵，后发不长于后发际线，鬓角不长于耳朵的中部。

### 2. 女士发型

女士根据年龄、职业、个人风格、场合等的不同，可选择不同的发型，但无论何种场合，头发都应梳理得当，发型跟服装风格协调统一会更好。正式场合的女士发型要求露出眉毛，束发或盘发，减少发型散开的随意和松散感，以打造干练的职业形象。

发型的选择要注意发型风格和时间、场合、目的的协调。从事不同职业的人，一般有不同的发型。例如，时装、广告等时尚行业的人士可以选择比较个性和时尚的发型；从事律师或银行行业的人士，最好选择相对保守的发型。同样地，发型应随着场合的变化而变化，在商务谈判等场合，女士发型要简洁、干练；但是在商务宴请等场合，女士发型可以配合服装做出不同的造型，以体现女性的魅力。

## 二、面部的修饰

在人际交往中，面部的清洁与修饰非常重要，整洁明朗、容光焕发的面部会给对方留下良好的第一印象，为双方的沟通、交流与合作创造良好的开端。

### （一）面部的清洁与护理

要保持面部的润泽光洁，面部的清洁与护理很重要，常用的基础护肤品包括洗面奶、柔肤水（爽肤水）和乳液。正确的清洁与护理步骤：用洗面奶洗脸→拍打柔肤水（爽肤水）→涂抹乳液。

保持面部皮肤清洁的基础工作是洗脸。洗脸的时间一般是早上起床后和晚上睡觉前，一般一天2次即可。男性的皮肤多为油性或偏油性，可以适当增加洗脸的次数，以去除面部油脂，保持面部皮肤的光洁，以免在面见客户或同事时面泛油光，令人不悦。

### （二）男士面部的修饰

男士的皮肤相对粗糙、毛孔较大，分泌的汗液和油脂较多，易使灰尘、污垢聚集，堵塞毛孔，从而引起各种各样的皮肤问题，影响美观和形象，因此男士需要进行面部的修饰。

男士面部的修饰以干净、自然为基调。坚持每天早晨剃须、修面，一般情况下不要留胡须，如果要留一定要修剪成型；要注意修剪鼻毛，切忌让鼻毛露出鼻腔；定期洁牙、护齿，保证牙齿洁白、整齐；工作餐不吃有刺激性气味的食品，如生葱、生蒜等；饭后可用淡茶漱口，以保证口气清新。

随着社会的发展，男士越来越重视面部的修饰，以保持健康、年轻的形象和良好的精神面貌，增强自信心和竞争力。

### 礼仪知识屋

#### 男士面部保养方法

年轻男士总出现的皮肤问题，且大部分是由油脂分泌过多引起的出油及长青春痘。青春期，因荷尔蒙分泌量增加而刺激皮脂腺，导致黑头、粉刺出现，进而长青春痘。

面部保养重点如下。

（1）不过度去除油脂，补充足够的水分：过度去除油脂是皮肤干燥的主要原因，因此保留脸上的适量油脂并补充水分是正确的保养方法。因为皮肤只要能保持油脂和水分的均衡，自然就能防止干燥。

（2）使用合适的柔肤水：维持油脂和水分的平衡就可以解决出油及干燥的双重问题，因此洗脸后最好立即使用适合个人肤质的柔肤水。

（3）抹上一层薄薄的乳液：油脂是皮肤的天然保护膜，若觉得皮肤干燥，不妨抹上一层薄薄的乳液。

需注意的是，若油脂过量，反而易造成毛孔阻塞等问题。此外，错误的洗脸方式是造成皮肤干燥的一个原因。如选择强碱性的香皂，或洗脸时的水温过高，都可能是造成皮肤干燥的原因。

## （三）女士面部的修饰

女士在职场中和人际交往时宜化淡妆，妆容以增加面部轮廓感和调节气色为主要目的。化妆可以增添自信，缓解压力，也是对交往对象表示礼貌和尊重。职业女性的妆容受职业的制约，应给人一种专业性、责任性、知识性的感觉，以表现其秀丽、典雅、干练、稳重的形象，总体可遵循"3庭5眼瓜子脸"（见图2-2）。

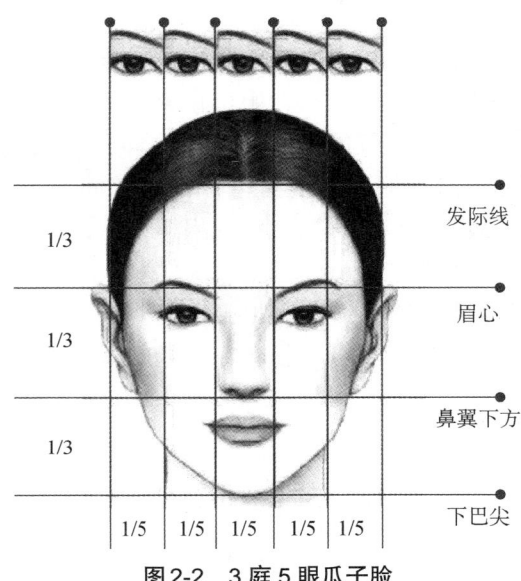

图2-2　3庭5眼瓜子脸

女士化淡妆的步骤如下。

（1）打粉底。在做完面部清洁和基础护肤之后，就可以进入化妆程序。选用合适的粉底是化妆的基础，目的是将肤色的自然美感充分表现出来，因此粉底要符合自己的肤色。选择粉底切忌一味追求白亮，否则会有不自然的效果。

（2）定妆。定妆是重要的化妆程序之一，通常在打粉底之后，用粉扑或散粉刷，在脸上扑上一层薄厚适度、均匀的散粉。定妆可以起到吸收面部多余油脂，减少面部油光，令妆容更持久，皮肤柔滑、细致的效果。若是干性皮肤，则可以省去这一步。

（3）描眉。想要脸部清爽有型，描眉必不可少。描眉应按照设计好的眉形，做好定位（见图2-3），可以顺着眉毛的自然长势从眉头描向眉尾，也可以先从眉峰描向眉尾，再描眉头和眉腰，注意接合部要自然融合，不露痕迹。一条眉毛的眉头、眉毛的上缘和眉尾的着色要淡；眉毛的中间、下缘和眉峰的着色应稍重。

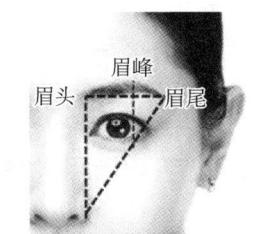

图2-3　眉头、眉峰、眉尾的定位

要让描画的眉毛自然和谐，最好用削尖的硬芯眉笔描画。首先，从眉毛的上缘向下画。其次，从眉毛的下缘向上画，在眉毛中间交会。最后，可以刷上适量的睫毛膏。

如果眉形很好，但过于稀疏或着色过浅淡，则可以用软芯眉笔顺着眉形在眉毛中间画一条线，用眉刷或手指上下抹开。

如果使用眉粉，则先用眉笔勾出淡淡的眉形，然后用眉刷蘸眉粉着色。要少蘸、轻涂，这样会显得柔美、自然。

如果需要修剪眉毛，就需要格外小心。修剪眉毛有一定的难度，一不小心就会剪得过多，造成缺眉或秃眉。修剪眉毛的方法有两种，一种方法是将眉梳贴在眉毛上，隔着梳齿剪去过长的眉毛，宜从眉尾向眉头修剪，眉尾留得短些，眉腰和眉头留得长一些。另一种方法比较简单，用眉刷将眉毛向下刷，把超过眉毛下缘的部分剪去，再将眉毛向上梳，同样剪去超出上缘的部分。

（4）眼部提亮。选择适合自己的眼部特点的眼影。眼睛凹的人，建议选浅色或偏亮的眼影；眼睛凸的人，建议选深色或偏暗的眼影。眼部化妆，并非只有眼影，眼线、睫毛及眉毛下部的提亮也非常关键，这些细节不仅能让眉形更清晰，还能使眉眼更立体。

（5）打腮红。冷、暖肤色都可以通过腮红增添面部红润的光泽并修饰脸型。在选腮红时，冷肤色可选用粉红色、玫瑰红色；暖肤色可选用桃粉色、杏色或珊瑚粉色。为了使腮红与皮肤融合得更好，可采用膏状腮红。

（6）涂唇彩。涂唇彩的目的是使妆容更加亮丽、完整，唇彩的颜色是关键。唇彩的颜色过暗、过艳，都不适合办公室环境。粉色系、橙色系唇彩在办公室环境下使用都是适宜的。

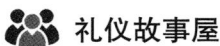 礼仪故事屋

## 第一印象的重要性

一位心理学家曾做过这样一个实验：首先让2个学生都做对30道题中的15道题，但是让学生A做对的题尽量出现在前15道，让学生B做对的题尽量出现在后15道，然后让其他学生对他两进行评价：两相比较，谁更聪明一些？结果发现，大部分学生认为学生A更聪明。这个实验表明，信息输入大脑的顺序，对认知效果的作用是不容忽视的，最先输入大脑的信息的作用最大。人们根据最初输入的信息所形成的印象不易改变，甚至会左右对后来输入的新信息的解释，例如在与人的第一次交往中给他人留下的第一印象会在他人的头脑中占据着主导地位。第一印象会非常深刻，持续的时间会较长。

在跟陌生人见面时，人们在7秒之内就对对方做出基本评估。不需要语言，人们仅通过眼神、表情、穿着和态度就可以表达对别人的感觉，同时互相产生欣赏、无所谓、害怕、抗拒、恐惧等一系列情绪反应。

## 三、双手及指甲的修饰

### （一）双手的清洁与修饰

在各种交往活动中，向他人伸出一双洁净的手是最基本的礼仪要求。在职业场合，一双洁净并精心护理的手能够显示出一个人良好的教养。

在日常生活中，要经常用洗手液或香皂洗手，一是为了杀菌，二是为了清除污垢。

洗手后要及时涂抹护手霜，还要对指甲周围的死皮要定期修理。

## （二）指甲的修饰

要经常清洗和修剪指甲，指甲缝中不能留有污垢，指甲的长度不应超过手指指尖。注意不要在公共场所修剪指甲，这是失礼的表现。

生活中最常用的甲形有方形、方圆形、椭圆形、圆形四种，可以根据个人的手形和喜好修剪出完美的甲形。

方形指甲：方形指甲更具个性，不易断裂，比较受职业女性或白领阶层人士喜欢。

方圆形指甲：方圆形指甲的前端和侧面都是直的，棱角处呈圆弧形，这种甲形会给人以柔和的感觉。对于骨节明显、手指瘦长的人，方圆形指甲可以弥补其手部线条过于硬朗等不足之处。

椭圆形指甲：椭圆形指甲从游离线到指甲前端的轮廓呈椭圆形，属于传统的东方甲形。

圆形指甲：适合手指修长的人。

职业女性染指甲已经司空见惯。在职业场合，指甲油的颜色不要太亮丽，否则会使别人的注意力集中在指甲上。可选择与口红颜色相配的指甲油，如典雅、稳重的红色系、浅粉色或半透明指甲油，给人自然的亲切感。从色系上来说，肤色偏黑的女性选择暗红、豆沙等深色系指甲油较为合适；而皮肤白皙的女性选择亮色系或无色透明指甲油较为合适；浅色系指甲油会使手指显得纤细、修长；粉红色和灰棕色指甲油会柔和手部轮廓。

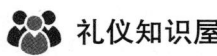 礼仪知识屋

### 指甲油的历史

我国古代染甲所用的材料是凤仙花，做法是取腐蚀性较强的凤仙花的花瓣和叶放在小钵中捣碎，加少量明矾，这样可以染色更快些。其后，可以取适宜大小的凤仙花搓团放在指甲上，也可以将丝绵捏成与指甲一样大的薄片，浸入花汁，放在指甲表面，连续浸染3～5次，数月都不会褪色。美甲不仅是美丽的标志，还是地位的象征，中国古代嫔妃还用装饰性的金属假指甲增加指甲的长度，以显示其尊贵地位。

## 四、香水的使用

### （一）香水的分类

一般来说，主要通过浓度与香型对香水进行区分，按香水中香精浓度由高至低分为以下5类（见表2-1）。

表2-1 香水分类表

| 类别 | 香精浓度 | 酒精含量 | 保持时间 |
| --- | --- | --- | --- |
| 浓香水 | 15%~30% | 30% | 5~7小时 |
| 香水 | 10%~15% | 20%~30% | 5小时 |
| 香露 | 5%~10% | 10%~30% | 3小时 |
| 古龙水 | 2%~5% | 小于10% | 1~2小时 |
| 清淡香水 | 小于2% | 无 | 1小时 |

（1）浓香水，一般被称为香精。这个类别的香水，是香水的最高等级，其香精浓度为15%～30%，香味品质最好，香味持续时间为5～7小时。许多名牌的浓香水售价非常昂贵，包装上的容量一般为7.5毫升、10毫升和15毫升。

（2）香水，简称EDP，一般被称为淡香精。其香精浓度为10%～15%，香味持续时间为5小时左右（最接近浓香水），但是价格相对低。香水爱好者较多地使用这个类别，容量一般为30毫升和50毫升。

（3）香露，简称EDT，也称淡香水。其香精浓度为5%～10%，是近年来最受欢迎的香水类别。其香味变化较为柔和，香味持续时间为3小时左右，常见的容量为30毫升、50毫升、75毫升及100毫升。

（4）古龙水。在欧洲，男性香水大多属于这个类别，所以古龙水几乎成了男性香水的代名词。其香精浓度为2%～5%，香味持续时间为1～2小时。因为男性香水多采用香味较浓或香味持久的原料，所以男性古龙水的香味能持续3小时左右。

（5）清淡香水。其香精浓度在2%以下，香味持续时间只有1小时左右。剃须水和体香剂都属于此类别。

因为香精浓度不同，所以其价格有差别：浓香水（香精）最贵，后面依次是香水、香露、古龙水、清淡香水。

### （二）香水的前调、中调和尾调

每一种香水都由不同的香料配制而成，而各种香料的挥发程度会随着时间的流逝不一样。譬如檀香木，它有一种非常持久的香味，起初闻时并不觉得有什么特殊，但时间越久越能散发馥郁的香味；而柠檬等柑橘系的香味恰恰相反，刚开始散发出强烈的清爽诱人的芳香，之后很快就消失了。这就形成了同一款香水在不同时段有不同的香味，即前调的头香、中调的基香和尾调的末香，简单地说就是香水的前调、中调和尾调。

（1）前调：在喷香水后10分钟散发的香味，其作用是给人留下最初的印象。

（2）中调：紧随前调出现，在喷香水后30～40分钟显现香味，散发香水的主体香味，体现香水最主要的香型，香味一般持续4小时。

（3）尾调：是香味最持久的部分，也是挥发最慢的部分，需30分钟至1小时才能闻到香味，并且可以持续1天或更长时间。

### （三）香水的使用方法

（1）为季节搭配香水。春天温度偏低，但气候已转潮湿，香水挥发性较差，适宜选用清新的花香或果香香水；夏天气候炎热、潮湿，容易汗流浃背，一定要选择气味清新、挥发性较强的香水，中性调的青涩植物香和草木清香香水都是理想选择；秋季气候干燥，可选用香味较浓，略带辛辣味的植物香香水，如带甜调的果香或化学成分较高的乙醛花香香水；冬季衣着较厚，可选花香和辛辣味的浓香香水。

（2）为场合搭配香水。在办公室、车厢、剧院等空气循环不佳的空间里，不要喷浓香的香水，以免刺鼻的香味影响他人；在进餐前一般不要喷浓香的香水，以免过浓的香味影响食物的味道。选择办公室香水的标准是清新淡雅。同事们在办公室的长期相处中，若身体散发出清新淡雅的香味，能呈现干净、亲和、充满活力的状态。

白天可以选择淡香水，晚上则可选浓香水；在约会时宜选用柑橘水果和苔类香草为原料的香水，因其含有令人增添吸引力的成分；在雨天，潮湿的空气会让香味弥散，所以选用淡香水为宜；运动和逛街都容易流汗，汗水与香味混合在一起，会让人敬而远之，这时要选用无酒精香水或运动型香水。

（3）香水的使用技巧及禁忌。香精是以"点"、香水是以"线"、清淡香水是以"面"的方式使用的。一般来说，香精以点擦拭或小范围喷洒于脉搏跳动处，如耳后、手腕内侧、膝后。香水、香露、古龙水、清淡香水因为香精浓度不是很高，不会破坏衣服纤维，所以可以自由地擦拭及喷洒，例如，在脉搏跳动处、衣服内里、头发上，还可以在空中轻轻喷几下，在头顶形成一片香雾，随后立于香雾中，让香水轻轻洒落在身上，散发出怡人的香味。

在体温高的部位喷香水，效果比较好，要注意身体内侧一般比外侧的体温高。另外，香味会向上飘，因此喷在下半身比喷在上半身更能获得理想的效果。

不要在阳光照射到的皮肤上喷香水，因为香水中的酒精在暴晒下会在肌肤上留下斑点，此外紫外线会使香水中的有机成分发生化学反应，造成皮肤过敏。

香水可以喷在干净的、刚洗完的头发上。若头发上有污垢或者油脂，则会令香水变质。不要喷在干枯和脆弱的头发上，以避免对头发造成伤害。

香料含有机成分，易与金、银、珍珠发生反应，使之褪色、损坏，因此香水不能直接喷在饰品上。

另外，因为棉质、丝质很容易留下香水的痕迹，所以香水不要直接喷在此类衣物上，也千万不要喷在皮毛上，否则不但会损坏皮毛，而且会使其颜色改变。

### 拓展阅读

#### 世界知名香水品牌

Chanel 香奈儿（第一款香水 No.5 诞生于 1921 年，法国）。
Guerlain 娇兰（创始于 1828 年，法国）。
Lancome 兰蔻（创始于 1935 年，法国）。
Shalima 夏尔美（创始于 1928 年，法国）。
Christain Dior 克里斯汀·迪奥（于 1947 年推出，法国）。
Gucci 古驰（创始于 1921 年，意大利）。
Jane Patou 让巴杜［于 1930 年推出的 Joy（喜悦）号称世界上最昂贵的香水，法国］。
Davidoff 大卫杜夫（第一款香水诞生于 1984 年，法国）。
Estee Lauder 雅诗兰黛（第一款香水 Youth Dew 诞生于 1953 年，美国）。
Ralph Lauren 罗夫·罗伦（创始于 1968 年，美国）。

## 任务二　服饰礼仪

### 思政引领

#### 重视礼仪和仪表

法国一家大型企业的董事长一行到 A 购物中心进行考察和访问，寻求合作。A 购物中心的王总经理听说法国人时尚、浪漫，决定投其所好。在见面时，王总经理身穿花衬衣、牛仔裤，脚蹬名牌休闲鞋；其女秘书身穿低胸连衣裙，打扮得花枝招展。可结果却事与愿违，对方一行与王总经理敷衍几句之后就匆匆离开了。

**请思考：**你认为规范的服饰礼仪是什么？

俗语云："人配衣裳马配鞍"。在人际交往中，服饰被视为人的"第二套肌肤"，既可以遮风挡雨、防暑御寒，又可以扬长避短，美化形体，反映精神面貌，体现生活情趣。在社交场合，服饰还是身份、地位和形象的标志。

## 一、服饰的作用

服饰具有强烈的社会属性和文化属性，是商务交往中不可替代的一个重要符号。国际商界有约定俗成的着装规则，即公司着装规则，通过深色西装、浅色衬衫建立一种权威、实力雄厚、可信赖的商人形象。

服饰覆盖了身体接近90%的面积，在给人留下第一印象时起着决定性作用。在越来越强调个性、平等、自由的社会中，服饰具有强烈的社会属性和文化属性，被打上了社会符号，并以它特有的审美功能区分开了形形色色、风格各异的人群和阶层。服饰是人的品位、感情、心态、个性等的集中体现，也是一种艺术，运用得越好就越富有个性和创造性，越有独特的韵味和气质；反之，则不仅空洞，而且没有灵魂和魅力，甚至是庸俗和令人生厌的。

当理解了服饰对人的影响后，人们就会更加仔细地挑选每天要穿着什么服饰来面对世界。要塑造优秀的职业形象，就应具有挑选服饰的能力，使服饰与个人特征相得益彰。服饰是塑造专业形象的关键因素之一，忽视这种强有力的视觉工具，可能对塑造职业形象不利。

### 礼仪故事屋

#### 西服袖口的3颗纽扣

西服袖口上常常钉3颗纽扣，既可增加服饰的美感，又可用来防止衣服磨损，主流的观点认为这实际是拿破仑团队的创造。

在一次战争胜利后，拿破仑开庆功会。在检阅作战士兵时，他发现士兵的袖口上沾着许多脏东西，很难看。经过了解，原来是士兵在行军途中翻越阿尔卑斯山时，因山上气温很低，许多士兵患了感冒，常常流鼻涕，把手帕都擦脏了，只好用袖口当手帕。拿破仑认为这样有损军威，便与军需官商量，决定在袖口的上侧钉上3颗纽扣，阻止士兵用袖口擦鼻涕。不久，拿破仑又给士兵增发了手帕，钉在衣服袖口上的纽扣就失去了它的作用，并显得是多余的。

后来，一个军人从这件事情受到启发，认为把纽扣钉到袖口向下的一侧，可以减小桌面对袖口的磨损。于是，他向拿破仑建议，将袖口上的3颗纽扣从上侧移至下侧。

此后，法国的服装设计师们又将这3颗纽扣移至西服的袖口上，增加西服的美感，并相沿成习，流传至今。

也有人认为西服袖口上钉的3颗纽扣是普鲁士国王腓特烈大帝发明的，腓特烈大帝很注重军容。一天，他看见士兵的袖口都很脏，一位军官报告说，士兵常用袖口擦脸，因而很脏。于是，腓特烈大帝决定在袖口上钉上纽扣，用以防止士兵把袖口当毛巾擦脸，此举果然奏效。此后老百姓的袖口上也钉上了纽扣。

## 二、着装的基本原则

### （一）着装的 TPO 原则

TPO 原则是国际通行的着装原则。TPO 由 3 个英文单词的缩写组成，T（Time）代表时间（或季节、时令、时代等）；P（Place）代表地点（或场合、职位等）；O（Objective）代表目的（或对象等）。它要求人们的着装要与时间相符合；要与所处地点、场合、环境及所在国家、区域、民族的不同习俗相符合；要符合着装人的身份；要根据不同的交往目的、交往对象来选择着装，给人留下良好的印象。着装应注意以下的 TPO 原则。

（1）时间原则。时间原则主要是指白天和晚上的着装风格不同。根据形象学家的观点，人们可以下午 6 点作为分界点，在分界点之前的工作时间，着装应遵循端庄、整洁、稳重、美观、和谐的原则，白天办公时的服饰色彩不宜过于夺目，以免干扰工作，影响整体工作效率，应尽量考虑与办公室的色调、气氛相和谐，并与具体的职业相符合。

晚上是指下午 6 点以后，人们多在晚上参加宴请、派对、音乐会、演出等活动。在参加这些活动时，着装要讲究一些。当请柬上特意标明"请着正式服装"的时候，男士一般以穿深色 2 件套或 3 件套套装为宜，女士要穿礼服。

在一年四季中，气候的变化对人们着装时的心理和生理产生影响，着装应做到冬暖夏凉、春秋适宜。此外，着装还应顺应时代的潮流和节奏，过分落伍或过分新奇都不符合职业场合的着装要求。

（2）场合原则。着装要与职业场合相宜，这是不可忽视的原则。年长者、身份地位高者，服装款式要相对保守、庄重，面料质地讲究；在工作场所，整体以整齐、清洁、端庄、大方为原则。男士在办公室可穿单色、暗格纹和犬牙格、人字呢等小花纹的套装；女性的着装以职业套裙最为适宜，可选择造型稳定、线条明快、不易皱褶的职业套裙，并配以女式高跟鞋，以表现女性自信、干练的职业风采。个人还可以结合所处的行业和工作性质，在此原则上灵活把握。在比较强调专业形象与管理能力的行业，如银行人员、律师、会计师事务所人员，应以比较深沉的颜色和沉稳的造型表现个人的干练、稳健；在讲求亲和力的行业，如教师、社会服务者，可以以明亮或柔和的颜色拉近距离；在创意产业，如广告、表演、设计等，可以体现个人风格，追求时尚，甚至标新立异也不为过。

（3）目的原则。着装应与交往对象、办事目的相适应。职场人士在决定今天应该穿什么的时候，要思考哪一套衣服对今天的工作有帮助。

着装要符合公司要求和工作性质。如果在一个着装要求非常正式的工作场合，穿着太随意，自己也会感到不自在，与周围的氛围不协调，甚至可能导致不自信。如果这一天需要当众发言，或者有重要客户来访，情况可能会更糟糕。不合适的着装会使平时应该发挥得非常好的工作水平大打折扣。

如果公司规定统一着装，就必须按照公司规定统一着装，保持制服的干净、挺括；如果不要求统一着装，那么着装要大方、简洁、得体，同时要注意舒适性，便于走动，不宜使着装过紧或过松，或选择不透气或面料粗糙的着装，以适应一整天的工作强度。

在与外宾、我国的少数民族相处时，要特别尊重他们习俗中的禁忌。例如，在中东或东南亚的某些地方，职业女性被要求穿着端庄的长袖服装，裙子要长过膝盖。

### （二）三色原则

职场人士在公务场合穿正装，必须遵循"三色原则"，即全身着装的颜色不得超过 3 种。

### （三）三一定律

职场人士如果穿正装，则必须使 3 个部位的颜色保持一致，这在职场礼仪中叫"三一定律"。具体要求：职场男士穿正装时，皮鞋、皮带、皮包应保持基本一色；职场女士的皮鞋、皮带、皮包及下身穿着的裙或裤、袜子的颜色应当一致或相近。这样穿会显得庄重、大方、得体。

### （四）三大禁忌

职场男士应拆除西服套装的商标，不拆除是俗气的标志。职场人士最好不要穿尼龙丝袜，而应当穿高档一些的棉袜子，以免产生异味；职场人士不要穿白色袜子，尤其是职场男士穿正装、黑色皮鞋时，穿白色袜子会显得俗不可耐。

### （五）个性原则

个性原则是指在社交场合树立个人形象的原则。一个人的着装往往能传达出性格、爱好、心理状态等多个方面的信息，不同的人因为身材、年龄、性格、职业、文化素养等不同，自然就会有不同的个性、特点，所以着装选择首先应考虑自身特点，把握形体、尺寸，力求做到"量体裁衣"，扬长避短。

### （六）保持自己的风格，不从众

创造并保持自己独有的风格，突出长处，符合个性要求，选择能与个性融为一体的服装，才会展示个性，尽显个人风采，保持自我，区别于他人。切勿穷追时髦，随波逐流，使得个人着装千人一面，毫无特色可言。因此，只有当服饰与个性协调时，才能更好地塑造自己的最佳形象和礼仪风貌。

## 三、男士服饰礼仪

### （一）西装的选择

就目前来说，西装是一种国际性服装，是世界公认的男士正装（图 2-4 所示为男士着装图）。目前流行的西装款式可分为欧式、英式和美式 3 种。

欧式：剪裁得体，领形狭长，胸部收紧、突出，袖拢与垫肩较高，造型优雅，多为双排扣。

英式：与欧式相仿，但垫肩较薄，后背开衩，绅士味道很足。

美式：领形较宽大，垫肩较适中，胸部不过分收紧，两侧开衩，风格自然。

按照纽扣的排列方式，西装可以分为单排扣西装和双排扣西装。单排扣西装又有 1 粒扣、2 粒扣、3 粒扣之分。1 粒扣的西装可以扣纽扣也可以不扣；2 粒扣的西装讲究"扣上、不扣下",即只扣上边那粒纽扣;3粒扣的西装,要么只扣中间那粒纽扣,要么扣上边2粒纽扣。双排扣的西装一般要把纽扣全部扣上。

在选择西装时,要充分考虑自己的身高、体形,选择合适的款式。另外,还要注意选择合适的面料与颜色,西装的面料应该挺括、有垂感,纯羊毛、高比例羊毛化纤混纺面料均为首选。

颜色宜选用深蓝色、深灰色等,这样可适用于任何正式场合。黑色一般是礼服的颜色,适用于婚礼等特殊场合,其他如咖啡色、深棕色都不太适合正式场合。

图2-4 男士着装图

（标注：短发,保持头发的洁净、整齐；精神饱满、面带微笑,经常刮胡须；正规服装,平整、洁净；西装口袋不放物品；袖口无污迹,指甲保持清洁；裤子平整；鞋子光亮、整洁）

西装讲究合身,衣长应超过臀部,标准的衣长是从脖子到地面的1/2长;袖长以袖口下端到拇指11厘米处的长度最为合适。买西服时一定要试穿,试穿时一定要将全部的纽扣都扣上,看一看肩膀是否适合,可以将手臂抬起、放下,弯一弯手肘,看会不会出现皱褶或有紧绷的感觉。西裤腰围应在裤子扣好纽扣后,在自然呼吸的情况下,以能够贴着腰平插进一只手掌最为合适。两条裤缝应笔直地垂到鞋面,裤子的长度从后面看应该刚好到鞋跟和鞋帮的接缝处。如果想让腿看起来更修长,那么裤管的长度可以延伸到鞋后跟的1/2处,裤腰前低后高,裤形可根据潮流来选择。

## （二）正式场合着装

男士在出席重要会议、庄重仪式或者正式宴请等场合时,一般要求身着正装,通常以西装为正装。一般要穿面料考究的2件套西装,上、下装的颜色和质地要一致。一般而言,单排扣的欧式西装比较适合中国人，颜色以深蓝色、深灰色为好。在正式场合，衬衫、领带、鞋子、袜子、皮带的颜色要尽量与成套西服相搭配，并遵循三色原则。如果西服颜色较深，那么可以配浅色衬衫，如白色、象牙色、灰色、浅蓝色等衬衫，领带的颜色要和衬衫颜色相搭配。

### （三）非正式场合着装

非正式场合是指普通访友、出差等场合，这个时候的着装可较为随便、自由。男士在商务休闲场合可以穿商务休闲装，现在有很多行业和职业的标准着装就是商务休闲装，这是较为随意的着装风格，能在保持职业形象的同时穿着舒服，加上时尚元素，会显得年轻、有活力，不拘谨、不古板。商务休闲装的选择比较多，以下是比较常见的两种：为正式的西装搭配一件软领（而不是标准衬衫领）的衬衫，不打领带，或在西装内穿POLO衫或高领的羊毛衫，可以穿出随意的感觉；单件的休闲西装搭配休闲裤，配上颜色鲜艳的领带。

### （四）穿西装的注意事项

（1）西服袖口的商标和纯羊毛标志应摘掉。
（2）穿西装不能把袖口挽上去，不能卷起西裤的裤管。
（3）不要当众脱下西装上衣，更不能把它当作披风披在肩上。
（4）西装外侧下方的两只口袋，原则上不要装任何东西。
（5）西装上衣的胸袋除了插入一块用以装饰的真丝手帕，不要放其他东西，尤其不要别钢笔、挂眼镜。
（6）西装裤子前侧的口袋只能放纸巾、钥匙包，后侧的口袋不要装东西。
（7）西装上衣内侧的胸袋，可用来别钢笔、放钱夹或名片夹，但不要放过大或过厚的东西。

## 礼仪故事屋

### 奥运纽扣风波

2012年奥运会在英国伦敦举办，因此伦敦市市长在北京奥运会闭幕式上，接过奥林匹克会旗。不过，不少观众和网民都注意到，伦敦市市长在登上交接仪式台时，西装纽扣没有扣上，且三步并作两步地跃上了台阶。在仪式举行期间，他还不时地把手插在口袋内。

这场"奥运纽扣风波"成为闭幕式后不少网民的谈资，伦敦市市长在英国杂志《旁观者》上撰文进行了解释。

他说在参加交接仪式前，曾有人要求他把西装纽扣扣上。当时他注意到有一个人眉飞色舞地用手指着自己的肚子中间，另外一个人指着他的腹部。

这时有人说："纽扣。"伦敦市市长这才注意到，周围的人个个西装笔挺，西装纽扣无一例外都是扣上的。"我本能地摸了摸我的西装中扣，想着还是算了吧"，他半开玩笑地表示，当时想表达的是一种"开放、透明和个人自由的理念"。

他提到了有些网民对此事的议论，"看到一些博客写手攻击我在交接仪式中的表现'缺乏尊重'，这让我有点难过，因为这当中根本就不牵涉尊重、不尊重的问题。"

伦敦市市长在交接仪式上的表现成为全球网民关注的事情。有网民称伦敦市市长的表现粗鲁、傲慢、目中无人，因为他在如此重大场合连西装纽扣也不扣，太散漫自在了。

## （五）西装的搭配

（1）衬衫。在正式场合搭配西装套装的衬衫是硬领式的，主要面料为纯棉或棉涤混纺，高支纱为首选。衬衫颜色应与西装颜色相协调，白色、浅蓝色与深色西装都是不错的搭配，而棕色系是一个比较特殊的色系，棕色西服只能与棕色系的衬衫相搭配。

虽然衬衫平时都是穿在西装里面，但是并不能因此而忽视衬衫，衬衫的合身与否将直接影响整体着装的贴合程度。尤其对于一些面料轻盈的西装来说，如果穿在里面的衬衫过于宽松，则很难确保上装的服帖。在选购衬衫时，领围以合领后可以伸入一根手指为宜，衬衫肩线应落于肩膀外侧约1～2厘米处，过宽会产生慵懒、没有活力的视觉感受，过窄则显得人瘦小、不够庄重。穿好西装后，衬衫领应高出西装领口1～2厘米，衬衫袖长应比西装上装衣袖长出1～2厘米，这样既可以避免西装上装袖口受到过多的磨损，还可以用白色衬衫衬托西装上装，显得干净、利落、活泼而且有生气。同时，白领露出的部分与袖口露出的部分相呼应，会有一种和谐美。

在正式场合，长袖衬衫的下摆必须塞在西裤内，袖口的纽扣必须扣上，袖口不可翻起。

（2）领带。男士正装最出彩的地方就是胸前的"V"区，领带是平衡胸前"V"区的关键，因此领带就成了被关注的焦点。领带被称为"西装的灵魂"，是西装的重要饰品，在着装中起画龙点睛的作用，是专属于男士的饰品。男士穿西装时，特别是穿西装套装时，不打领带往往会使西装黯然失色。一套同样的西装，只要经常更换不同的领带，就能给人以耳目一新的感觉。男士的领带往往能左右旁人对其身份、地位、信用、个性及能力的印象。

在正式场合，领带的材质以真丝为上乘，颜色以单色为主。单色领带中，灰色、绛红色和蓝色领带是最常见的，也是最实用的，通常以温莎结、平结为主要扎系方式。

在颜色搭配上，颜色素净的西装配条纹清晰的领带，颜色柔和的西装配条纹柔和的领带。体型瘦小者不适合选用宽条纹领带，体型高大者选用宽条纹领带会显得比较得体。

（3）皮带、皮鞋、袜子。与西装相配的皮带的宽度一般在4厘米左右，要求是皮质材料、光面，皮带扣环简洁大方，黄铜色或银色均可，颜色应与鞋子和公文包的颜色统一。在系好皮带后，其尾端应介于第一和第二个裤襻之间，且上面不要挂手机、钥匙等物件。

穿西装一定要搭配皮鞋，即便夏天也应如此。不能穿旅游鞋、布鞋、凉鞋，否则会显得不伦不类。与西装搭配的皮鞋最好是黑色系带的浅口皮鞋。但是要注意棕色系西装最好搭配深棕色皮鞋。皮鞋要上油、擦亮，不留灰尘和污迹。

穿皮鞋时，袜子的颜色要深于皮鞋的颜色，一般选择黑色；袜筒要高及小腿并有一定弹性，若袜口太短或袜子松松垮垮，则在坐下来时会露出腿部皮肤或腿毛，不符合礼仪规范。需要特别强调的是，穿西装一定不能穿白色袜子，白色和浅色的纯棉袜子只适合搭配休闲套装。

（4）公文包与钱夹。与西装搭配的公文包宜为国际公认规格的公文包，面料为牛皮或羊皮，颜色一般选择黑色或深棕色，最好与皮鞋和皮带的颜色保持一致。造型要求简单、大方，除商标之外，公文包在外观上不宜带有图案和文字。再高级的运动包也不要与西装搭配，如果需要使用手提电脑，应选择专业的电脑包。

在穿西装时，应该使用皮制的、造型长而扁的钱夹，钱可以平放其中。钱夹应放在西装内兜中，钱夹内不能装太多东西，以免破坏平整性。

（5）手表与眼镜。每一位商务男士都应该佩戴手表。选择与正装搭配的手表要注意造型简约，没有过多装饰，时钟标示清楚，表身平薄。比起那些功能复杂的手表，清晰、干净的白色盘面的手表更适合商务男士，粗重的表壳在正装搭配中不太合适，戴在商务男士手上的手表越薄越好。中规中矩的圆形表壳是最稳妥的款型，显得理智又谦和；长方形表壳则会给人作风强势的感觉。纯金表带不免有炫耀之嫌，相比之下，不锈钢和钛金表带会显得更有风度，也可以选择黑色或者深棕色的皮表带。

眼镜的选择对商务男士而言是一件非常重要的事情，适合自己的眼镜可以帮助其塑造知性、睿智、可信赖的形象，不仅是品位的象征，而且能恰到好处地烘托与强化气质。

细框的金丝眼镜是多数亚洲人的首选：一是与肤色相协调；二是文雅、大气，能给人一种睿智而富有内涵的感觉，容易让上级、客户相信自己的能力。塑料材质中，板材眼镜比较流行，其装饰感强。如果是从事设计、摄影等艺术工作的，戴富有个性的板材眼镜就很符合其工作特点。

### 拓展阅读

#### 西装衬衫领带的搭配

1. 颜色搭配

3 素搭配：西装、衬衫、领带的颜色均为素色。

2 素 1 花：其中 2 件的颜色为素色，另一件带条纹或图案。

2 花 1 素：其中 2 件带条纹，另一件的颜色为素色。

2. 明暗搭配

搭配原则是明搭暗、深搭浅，具体如下。

（1）深色西装，浅色衬衫，亮色、中色或深色领带。

（2）中色西装，浅色衬衫，深色领带。

（3）深色西装，中色衬衫，浅色或深色领带。

以下是 4 种最常用的领结打法，包含了平结、双环结、温莎结及半温莎结。

（1）平结。平结是男士选用最多的领结打法之一，几乎适合各种材质的领带。领结下方会形成一个"酒窝"，要注意两边对称，如图 2-5 所示。

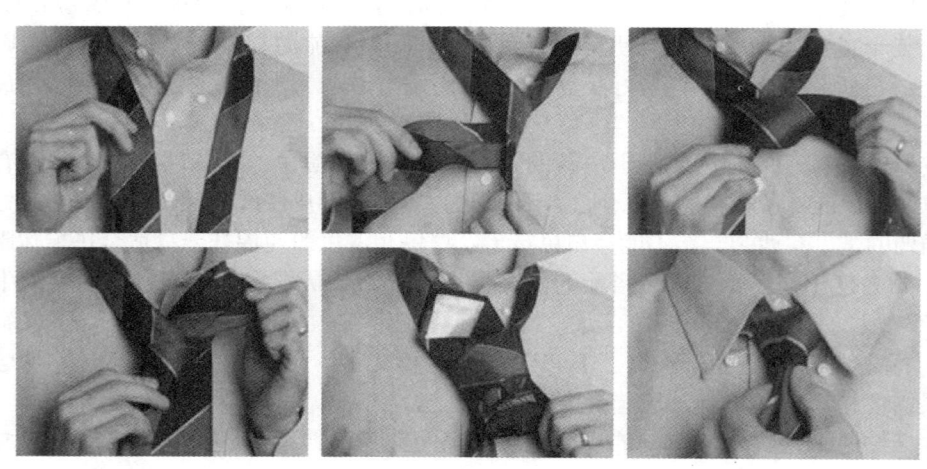

图 2-5 平结的打法

（2）双环结。一条质地细腻的领带搭配双环结颇能营造时尚感，适合年轻的上班族。该领结的特色就是第一圈会刻意稍露出第二圈之外，不能被盖住，如图 2-6 所示。

图2-6 双环结的打法

（3）温莎结。温莎结适合宽领形的衬衫，不适用于材质过厚的领带，不要把领结打得过大，如图 2-7 所示。

图2-7 温莎结的打法

（4）半温莎结。半温莎结也称正单结，虽然只绕单边，但打好的领结是正三角形的，不会歪歪斜斜，适用于各种领形。如果是休闲场合，则用粗厚的领带打半温莎结，能凸显随意与不羁的气息，如图 2-8 所示。

图2-8 半温莎结的打法

领带的长度要合适，打好的领带尖端应恰好触及皮带扣；领带的宽度应与西装翻领的宽度相协调。领带打好之后，其外侧应略长于内侧。在正式场合不要选用"一拉得"领带或"一套得"领带。西装上装扣好纽扣后，领带要放在西装上装与衬衫之间；在穿西装马甲、羊毛衫、羊毛背心时，领带应放在它们与衬衫之间。

　　在一般情况下，领带没有必要使用任何饰品。在清风徐来、快步疾走之时，听任领带轻轻飘动，能为男士添加一些潇洒和帅气。但是有的时候为了减少领带在行动时因任意飘动带来的不便，或为了使其不妨碍工作和行动，可使用领带夹和领带针。领带夹和领带针的基本作用是固定领带，其次是装饰。领带夹在衬衫从上往下数的第4粒、第5粒纽扣之间，作用是把领带固定在衬衫上，这样在西装上装扣好纽扣后，领带夹不会外露。领带针别在衬衫从上往下数的第3粒纽扣处的领带正中央，有图案的一面放在领带外面，另一端为细链，藏在衬衫内。

## 四、女士服饰礼仪

　　女士在商务场合的着装以职业套裙最为规范和常见（见图2-9），一方面，这种款式和带线条的服装，会给职场女士以职业感；另一方面，职业套裙早已被具有国际影响力的集团、公司所采用，赋予它强烈的职业符号性和标记功能。在西方国家，职场女士的工作着装一般以套装为主。在英国、日本这些对着装要求较高的国家，连衣裙不在主流着装之列，通常以衬衫搭配一步裙。

图2-9　女士着装图

## （一）职业套裙的分类与选择

法国时装设计师克里斯汀·迪奥，以拉丁字母为造型，设计了"H"形、"X"形、"A"形、"V"形套裙，具体如下。

（1）"H"形套裙。"H"形套裙指上下无明显变化的宽腰式服装，上衣较为宽松，裙子多为筒式。上衣和裙子浑然一体，其形状如一个上下等粗的拉丁字母"H"。穿此种服装，给人以自由、轻松、洒脱之感，既可以让穿着者显得含蓄和有精神，也可以掩盖身材较胖的缺点。

（2）"X"形套裙。"X"形套裙是根据人体外形的自然曲线——肩宽、腰细、臀围大的特点而设计的，符合人体的体形特征。"X"形套裙的上衣多为紧身式，裙子则大多是喇叭式，能够充分反映人体的自然曲线美，突出穿着者腰部的纤细，给人以活泼、浪漫之感。

（3）"A"形套裙。"A"形套裙指上小、下大的服装造型。其基本特点是肩部下垂、贴体，裙子下摆宽大，有的还呈波浪形。20世纪50年代后流行于欧美各国的连袖式服装就是这种造型。由于此种服装肩部窄小，裙摆宽大，穿着时给人以优雅、轻盈、飘逸之感。

（4）"V"形套裙。"V"形套裙是与"A"形套裙恰恰相反的服装造型，呈上宽、下窄，如同拉丁字母"V"。其上衣多为松身式，裙子多为紧身筒式。它实际上是上松、下紧的，结构简练，穿起来舒适、利落，往往会令穿着者看上去亭亭玉立、端庄大方。

正式的职业套裙，应注重面料，最佳面料是高品质的毛纺和亚麻。看起来稳重、有权威的颜色包括单一的海军蓝、灰色、炭黑色、淡蓝色、黑色、栗色、棕色、驼色等。职业套裙讲究合身，太宽松的衣服会显得人不干练。

职业套裙的裙子应该长及膝盖，坐下时裙子会自然向上缩短，如果裙子向上缩短到膝盖上十厘米处，就说明这条裙子过短或过窄。

## （二）职业套裙的搭配

（1）衬衫。与职业套裙搭配的衬衫颜色可以是白色、米色、粉红色等，也可以有一些简单的线条和细格图案。衬衫的最佳面料是棉、丝绸等。衬衫的款式要简洁，不带花边和皱褶。

穿衬衫时，其下摆必须放在裙腰内，不能放在裙腰外，不能用衬衫的下摆在腰间打结。除最上端一粒纽扣按惯例允许不扣外，其他纽扣不能随意解开。在穿着职业套裙时，不能在外人面前脱下上衣，直接以衬衫面对对方。身穿紧身而轻薄的衬衫时，特别要注意这一点。

将内衣在衬衫内巧妙"隐藏"起来的女性是优雅的，最安全的内衣颜色是肤色。

（2）皮鞋与袜子。无带无襻、款式简单的黑色高跟皮鞋或中跟船鞋是职场女士必备的鞋子，几乎可以搭配任何颜色和款式的职业套裙。系带皮鞋、丁字皮鞋、皮靴、皮凉鞋、旅游鞋等都不适合在正式场合搭配职业套裙。一般来说，皮鞋的颜色必须深于衣服的颜色。如果比衣服颜色浅，那么必须与其他饰品颜色相配，例如，与手袋颜色一致。皮鞋要上油，擦亮，不留灰尘和污迹。

肤色长筒袜和连裤袜是穿职业套裙的标准搭配。露出袜边的中筒袜、低筒袜，绝对不能与职业套裙搭配。让袜边露在外面，是一种公认的既缺乏服饰品位，又失礼的表现。

在穿长筒袜时，要防止袜口滑下来，且不可以当众整理袜口。丝袜容易被划破，如果有破洞、跳丝，要立即更换。可以在办公室或手袋里预备一两双丝袜，以备替换。

### （三）正式场合女士礼服的选择

（1）晚礼服。晚礼服是晚上8点以后穿着的正式礼服，是女士礼服中最高档次、最具特色、能充分展示个性的礼服，又称晚宴服、舞会服。常与披肩、外套搭配，与精美的饰品、艳丽的妆容、雍容华贵的发型等共同构成整体装束效果，尽情展现女性的魅力。为迎合夜晚奢华、热烈的气氛，晚礼服的面料多为华丽而高贵的丝光面料、闪光缎等。

在穿着露肩晚礼服时，头发最好挽起，披散下来的头发即使发型再精美，也会因为遮盖了晚礼服的点睛之处——肩颈处的设计，而喧宾夺主。与晚礼服搭配的饰品可选择珍珠、蓝宝石、祖母绿、钻石等高品质的，多配细襻、修饰性强、与礼服相宜的高跟鞋。如果脚趾外露，就要与面部、手部的妆容同步加以修饰。与晚礼服搭配的是华丽、精巧的晚装包。

（2）下午装（午服）。下午装是在白天正式拜会、访问、参加庆典及仪式时穿着的正式服装，具有高雅、沉着、稳重的风格。女士的午服不局限于只穿一件式连衣裙，可将2件套、3件套等作为办公装的套装引进午服系列（注意饰品、鞋、包搭配）。

（3）小礼服。小礼服是在傍晚时分穿着的礼服。小礼服的裙长一般在膝盖上下，随流行而定。它既可以是一件式连衣裙，也可以是2件式、3件式服装。面料为天然的真丝绸、锦缎、合成纤维及一些新的高科技材料。一般来说，黑色小礼服最为实用，一件合体的黑色小礼服，永远不会显得太庄重，也不会显得太随便。在选择小礼服时应遵循"扬长避短"的原则，如果身材好，则可以选择露背、包臀、露腿的款式；身材不尽如人意也没关系，巧妙地加以"回避"即可，如一些掩盖小腹的设计。

与小礼服搭配的配饰包括饰品、包和鞋子。配饰相当重要，同样一件小礼服通过不同的搭配即可出席不同的场合，如出席商务宴会，小礼服外加小西装外套或羊绒披肩，既简洁、优雅又不失庄重，而换上皮革外套之后，即能以摩登、性感的姿态出席社交圈的时尚派对。饰品多为珍珠项链、耳钉或垂吊式耳环。包多选择造型简洁的手拿式皮包（主要为漆皮、软革面料）。鞋子要选择装饰性较强的，略带光泽感的。

（4）汉服。汉服是中国的传统服饰，具有悠久的历史和独特的文化内涵，被越来越多的年轻人在婚礼等重要场合选择。现代中式婚礼礼服主要有秀禾服、龙凤褂、旗袍、长马褂等，每种都具有自己的独特之处。

### 礼仪知识屋

#### 马面裙简介

马面裙，又名"马面褶裙"，是中国古代女子主要裙装之一。

马面裙最早本是方便妇女骑驴穿的开胯裙，因其裙摆宽大，裙幅飘逸，便于骑行，而流传甚广。马面裙的历史可以追溯到宋朝，它源自宋朝的旋裙，即两片式围合裙。

宋朝的裙子已具有马面裙的马面形制了。一些出土的文物上有马面裙的蛛丝马迹，如山西晋祠彩陶中的一尊宋朝侍女像上就有马面裙的痕迹。

马面裙在明清时期最为流行。宋朝的旋裙在明朝时逐渐发展成马面裙，中央的裙门重合，两边带有对称的裙褶，形似古代城墙中的防御性建筑"马面"，因此被称作"马面裙"，如图2-10所示。

**图2-10 马面裙**

在明朝,上至作为一国之母的皇后,下至黎民百姓,人人皆穿马面裙。明朝的马面裙较为简洁,褶大且疏,为活褶,转动起来宛若月华,所以又被称作"月华裙"。

明朝的马面裙往往装饰有裙襕(在裙底及膝盖位置饰以各种纹样的宽边,被称为"襕"),纹饰多样且寓意丰富。在动物类纹样中,龙、凤象征吉祥和美好姻缘;在植物类纹样中,牡丹代表富贵,菊花代表延年益寿。马面裙成熟于清朝,并一直延续到民国,发展至今天。

"中国有礼仪之大,故称夏;有服章之美,谓之华"。服装是华夏文明的载体,它不仅体现了外在的规范,更反映了内在的素养,故中国素有"衣冠上国""礼仪之邦"之称。马面裙是从中华优秀传统文化中传承的,现代马面裙在随着时代的发展不断进行创新。

(资料来源:《成都日报》)

# 任务三 仪态礼仪

**思政引领**

## "总统"的仪态

曾任美国总统的乔治·赫伯特·沃克·布什,能够坐上总统的宝座,成为美国"第一公民",与他的仪态分不开。

在1988年的总统选举中,他的竞争对手猛烈抨击他是别人的影子,没有独立的政见。而他在选民心中的形象的确不佳,在民意测验中一度落后于对手。

未料2个月以后,他以光彩照人的形象扭转了局面,反而领先对手10多个百分点,创造了奇迹。原先他有个缺点,就是演讲不太好。他的嗓音又尖又细,手势及手臂动作总给人死板的感觉。他按照专家的指导,纠正了尖细的嗓音、生硬的手势,结果有了新颖、独特的魅力。在以后的竞选中,他竭力表现出强烈的自我意识,改变了原先人们对他的评价,并常穿卡其布蓝色条纹厚衬衫,以显示"平民化",获得了最后的胜利。

**请思考:** 如何让仪态礼仪为你的形象加分?

仪态即体态，泛指身体呈现出来的各种姿势。体态可以分为行为举止、神态、表情及相对静止的姿势。其中，虽然神态、表情太过细微，不易觉察，但仍归到仪容礼仪的范畴。肢体语言是人体及体态发出的无声信息，无声信息蕴含的意义要比有声信息深刻得多。

职场人员要清晰地意识到，仪表端庄、举止优雅有助于取得事业上的成功。通过本任务的学习和训练将能够：掌握挺拔的站姿、优雅的坐姿、有风度的走姿等礼仪；学会手势等礼仪。

## 一、站姿礼仪

站立是人们在交际场合中最基本的一种身体姿势，是其他姿势的基础。站立体现的是静态美，是培养优雅仪态的起点。正确的站姿能从整体上给人以挺拔、舒展、俊美、精力充沛、充满自信、积极进取的良好印象。

站姿的基本要求：双眼平视前方，嘴微闭，下颌微收，脖颈挺直，表情自然，面带微笑；两肩微微放松，稍向后下沉；两肩平齐，两臂自然下垂，中指对准裤缝；挺胸收腹，臀部向内上方收紧。

站姿应该是自然、轻松、优美的。在站立时，脚的姿势和角度可以变化，但身体必须挺直，给人挺拔、坚定的感觉。

### （一）男士站姿

1. 男士站姿的基本要领

职场男士的站姿以突出稳健为主题，展现挺拔、舒展、俊美等的感觉。

基本要求：腰背挺直，挺胸收腹，两肩平整，双臂自然下垂，微收下颌，双脚跟相靠，双脚脚尖分开呈 45°～60°角，或双脚距离与肩同宽，身体重心放在双脚中间。

2. 男士站姿与手位

（1）叉手站姿：双手在腹前交叉，右手握住左手；双脚分开，距离不超过 20 厘米。这种站姿端正却自由，郑重却放松。在站立时，身体重心可以在双脚间转换，以减少疲劳。这是一种常用的接待站姿。

（2）背手站姿：双手在身后交叉，右手贴在左手外面，自然贴在背后；双脚可分开可并拢。在分开时，双脚距离不超过肩宽；在并拢时，脚跟靠拢，双脚脚尖分开呈 60°角，挺胸立腰，收颌，收腹，双目平视。这种站姿优美且略带威严，易产生距离感，所以常用于门卫和安保人员。

（3）背垂手站姿：一只手背在后面，贴在臀部，另一只手自然下垂，手臂自然弯曲，中指对准裤缝；双脚可以并拢，也可以分开，还可以站成小丁字步。这种站姿大方、自然、洒脱。

### （二）女士站姿

无论在商务场合，还是在社交场合，女士的站姿一定要突出优雅的主题。优雅的关键是双腿的膝盖，在公开场合无论采用何种站姿，女士的膝盖一定要并拢，双手在腹前交叉，右手握住左手，如图 2-11 所示。双脚可以站成小丁字步，即一脚稍微向前，脚跟靠在另一脚内侧。如果长时间站立，则可以双脚稍微分开，一前一后，但是要注意保持双脚的脚跟在同一条直线上。

图 2-11 女士站姿

（三）站姿的注意事项

（1）在站立时，切忌东倒西歪，无精打采，或懒散地倚靠在墙上、桌子上。
（2）切忌双脚以内八字形站立，或双脚交叉站立、弯腿站立。
（3）切忌双手叉腰、抱头、交叉抱于胸前。
（4）不要低头、歪脖子、含胸、端肩、驼背。
（5）在正式场合，不要将手叉在裤袋里面。切忌双手交叉抱在胸前，或双手叉腰。
（6）男士可双脚适当分开站立，但要注意双脚之间的距离不可过远，不要挺腹、翘臀。女士不能分腿站立。
（7）不抖腿，不摇晃身体，不挺肚子。
（8）不要将身体的重心明显地移到一侧，只用一条腿支撑着身体。
（9）身体不要下意识地做小动作。

## 二、坐姿礼仪

坐姿是一种静态造型，是日常仪态的主要内容之一。符合礼仪规范的坐姿传达出自信、练达、积极、热情、尊重他人的信息，给人以稳重、文静、自然、大方的美感，让人觉得安详、舒适、端正、大方。

日常交往中，在入座与离座时都要保持动作的轻缓、优雅。在入座时，走到座位前面转身，控制住身体，轻稳地入座，切忌沉重地入座。在入座后，双眼平视，下颌内收，双肩自然下垂，腰背挺直，体现出稳重、大方的美感。女士在入座时，可以用手向下轻拂一下裙边，保持裙边端正。

在离座时，可以将右脚稍微后退，先找到支撑点，然后起立。在起立的过程中尽量保持上身竖直、平稳，不要向前哈腰，以免显得拖沓、沉重。

### （一）男士坐姿

在正式或非正式的场合下，男士的标准坐姿是上身挺直，双肩正平，双手自然放在两腿或座位扶手上，双膝并拢，小腿垂直于地面，双脚脚尖自然分开呈45°角。

在非正式的场合，男士可以采用前伸式、前交叉式、曲直式坐姿。前伸式坐姿是指在标准式坐姿的基础上，两条小腿前伸一脚的长度，左脚向前半脚掌的距离，脚尖不要翘起。前交叉式坐姿是指在标准坐姿的基础上，小腿前伸，脚踝部交叉。曲直式坐姿是指在标准坐姿的基础上，左小腿回屈，前脚掌着地，右脚前伸，双膝并拢。

### （二）女士坐姿

女士的标准坐姿的基本要求是上身挺直，双肩正平，双臂自然弯曲，双手交叉叠放在双腿中部并靠近小腹，双膝并拢，小腿垂直于地面，双脚脚尖朝正前方。

在正式场合，女士还可以采用侧点式和侧挂式坐姿（见图2-12）。

侧点式坐姿要求：两条小腿斜向左前侧，双膝并拢，右脚跟靠拢左脚内侧，右脚掌着地，左脚尖着地，头和身躯向左斜。注意大腿与小腿要呈90°角，小腿要充分伸直，尽量展示小腿。

侧挂式坐姿要求：在侧点式坐姿的基础上，左小腿后屈，脚绷直，脚掌内侧着地，右脚提起，用脚面贴住左脚脚踝，双膝和小腿都并拢，上身右转。

图2-12　女士坐姿

## 三、走姿礼仪

走姿极为重要，因为行走大多都是在公共场所进行的，人与人之间自然地构成了彼此的审美对象。行如风，是指走路时步伐矫健、轻松敏捷、富有弹性，令人精神振奋，表现出一种朝气蓬勃、积极向上的精神状态和轻快、自然的美。走路的步态与速度反映了一个人的个性和行为作风。正确的走姿要从容、轻盈、稳重。

走姿（见图2-13）基本要求：上身要直，昂首挺胸。在行走时，要面朝前方，双眼平视，头部端正，胸部挺起，背部、腰部、双膝要避免弯曲，使全身形成一条直线。起步时身体前倾，重心前移。步态要协调、稳健。双肩平稳，两臂自然摆动，摆动幅度以30°左右为宜。全身协调，匀速前进。行走时双脚内侧踏在一条直线上，脚尖向前。

图2-13　走姿

## 四、蹲姿礼仪

### （一）蹲姿的基本要求

（1）在下蹲拾物时，应自然、得体、大方，不要遮遮掩掩。
（2）在下蹲时，两腿合力支撑身体，避免滑倒。
（3）女士无论采用哪种蹲姿，都要将双腿并拢，臀部向下。

### （二）女士常见的两种蹲姿

1. 交叉式蹲姿

在实际生活中，常常会用到蹲姿，如集体合影时前排需要蹲下，女士可采用交叉式蹲姿（见图2-14）。下蹲时右脚在前，左脚在后，右小腿垂直于地面，右脚全脚掌着地；左膝伸向右侧，左脚脚跟抬起，左脚前脚掌着地；双腿并拢，合力支撑身体；臀部向下，上身稍向前倾。左、右脚的姿势可以互换。

图2-14　交叉式蹲姿

2. 高低式蹲姿

在下蹲时左脚在前,右脚稍靠后,双腿并拢向下蹲,左脚全脚掌着地,左小腿基本垂直于地面,右脚脚跟提起,右脚前脚掌着地;右膝低于左膝,右膝内侧靠于左小腿内侧,形成左膝高、右膝低的姿态;臀部向下,以右腿支撑身体(见图2-15)。

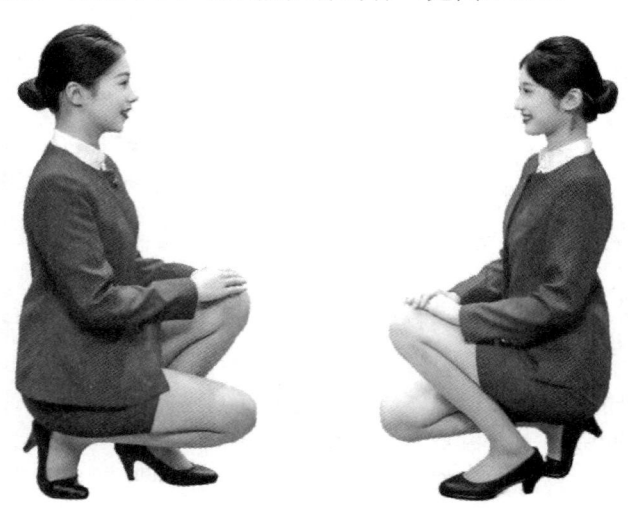

图2-15　高低式蹲姿

## 五、手势礼仪

手是人体最灵活的一个部位,手势是肢体语言中最丰富、最具表现力的传播媒介。在人们生活和工作中,手势的使用频率非常高,手势做得得体、适度,就会在交际中起到锦上添花的作用。适当地运用手势,可以增强感情的表达。

## （一）常用的手势

### 1. 横摆式

横摆式在迎接宾客时表示"请进""请"的常用手势。其动作要领：右手从腹前抬起，横摆到身体的右前方，腕关节要低于肘关节；站成右丁字步或双腿并拢，左手自然下垂或背在背面；头部和上身微微向伸出右手的一侧倾斜，目视宾客，面带微笑，表现出对宾客的尊重、欢迎。

### 2. 直臂式

在需要给宾客指方向或做"请往前走"的手势时，宜采用直臂式。其动作要领：将右手由前抬到与肩同高的位置，前臂伸直，指向宾客要去的方向。男士使用这个手势较多。注意指引方向时，不可用一根手指指方向，显得不礼貌。

### 3. 斜臂式

请宾客入座做"请坐"的手势时，手摆向座位的地方叫斜臂式。其动作要领：手要先从身体的一侧抬起，到高于腰部后，向下摆去，使大小臂成一条斜线。

### 4. 曲臂式

当一只手要拿东西，同时又要做出"请"或指示方向时采用曲臂式。以右手为例，从身体的右侧的前方，由下向上抬起，至上臂与身体呈45°角时，以肘关节为轴，手臂由体侧向体前摆动，在距离身体20厘米处停住；掌心向上，手指指向左侧，头部随宾客转动，面带微笑。

### 5. 双臂横摆式

当举行重大庆典活动，宾客较多时，做"诸位请"或指示方向的手势采用双臂横摆式。表示"请"时，可以让动作幅度大一些。其动作要领：在面向宾客时，先将双手抬到腹部，再向两侧摆到身体的侧前方，指向前进方向一侧的手应抬高、伸直，另一只手稍低、弯曲。

若站在宾客的侧面，则双手从体前抬起，同时向一侧摆动，双手之间保持一定距离。在运用手势时，还要注意与眼神、步伐、礼节相配合，使宾客感受到热情。

此外，递物品时，使用双手为宜。若双方相距过远，递物者当主动走近接物者，方便对方接拿。在递物给他人时，应当正面面对对方，为对方留出接物品的空间；在将带有文字的物品递给他人时，文字正面面对对方；在将带尖、带刃的物品递给他人时，尖、刃应朝向自己，或朝向他处。

在接物品时，应当看向对方，而不要只顾注视物品。一定要用双手或右手接，绝不能单用左手。必要时，应当起身、站立，并主动走近对方。

## （二）3种流行手势

（1）"OK"手势：先用大拇指和食指构成一个圆圈，再伸出其他手指，这就是常用的"OK"手势。这种手势在美国表示"同意""了不起""顺利"；现在中国沿用了美国的用法；在日本等国则表示金钱；在希腊、土耳其等国，则表示对人的咒骂和侮辱。

（2）跷起大拇指：跷起大拇指的手势在不同国家和地区表示的意思存在差异。在中国，它表示称赞、夸奖、了不起；在英国和新西兰等国，旅游者常用它作为搭车的手势。如果将大拇指急剧向上翘起，就成为侮辱人的信号，在希腊表示"够了"。

（3）"V"型手势："V"型手势通常表示"胜利""成功"，这些意思已在中国流行。而这种手势，在中国曾经只表示数字"2"；在一些欧洲国家也表示数字"2"；在英国手心向外的"V"型手势表示胜利，而手背向外的"V"型手势则有侮辱人的意思。

### （三）手势礼仪的注意事项

（1）在谈话时，手势不宜过多，动作幅度不宜过大，更不能手舞足蹈。在传达信息时，手势应保持静态，给人稳重之感。

（2）拍拍打打、推推搡搡，以及抚摸对方或勾肩搭背，依偎在别人的身体上等行为，会让别人反感，是不符合礼仪的行为。

（3）不能用食指指别人，更不能用大拇指指自己。在谈话中说到自己时，可以把手掌放在胸口上；在说到别人时，一般应掌心向上，手指并拢、伸展开进行表示。

（4）人们一般认为掌心向上的手势有一种诚恳、尊重他人的含义；掌心向下的手势意味着不够坦率、缺乏诚意等；攥紧拳头暗示进攻和自卫，或表示愤怒；伸出手指指示，是要引起他人的注意，含有教训的意味。因此，在引路、指示方向等时，应注意手指自然并拢，掌心向上，以肘关节为支点，切忌伸出食指指示。

## 六、表情礼仪

在面部表情中，眼神被认为是人类最明确的情感表达和交际信号，在面部表情中占据主导地位。根据专家们的研究发现，眼神实际上是由瞳孔的变化产生的。瞳孔受中枢神经控制，它如实地显示着大脑正在进行的一切活动。瞳孔放大，传达正面情感，如热爱、喜欢、兴奋、愉快等；瞳孔缩小，则传达负面情感，如消沉、厌烦、愤怒等。人的喜怒哀乐、爱憎好恶等的存在和变化，都能从眼神中显示出来，因此眼神与谈话之间有一种同步效应。与人交谈，要敢于和善于同别人进行目光接触，这既是一种礼貌，又能维持联系，使谈话在频频交接的目光中持续。

在交往中，不愿进行目光接触者，往往让人感觉企图掩饰什么或心中隐藏着什么事；目光闪烁不定会显得精神不稳定或性格不诚实；在交谈中不看对方，是怯懦和缺乏自信心的表现。因此在交谈中，要及时用目光配合着话题变换，相应地流露出理解、同意、关注、喜悦、期待、同情等意思。

#### 1. 目光注视的范围

人际交往中的目光注视大致分为3种情况。

（1）公务注视：这是人们在洽谈业务、磋商交易和贸易谈判时使用的一种注视行为。这种注视是指看着对方双眼和额头中间的部位。由于注视这些部位能产生严肃、认真、居高临下、压住对方的效果，所以常被企图处于优势地位的人们所采用，以帮助他们掌握谈话的主动权。

（2）社交注视：普通社交场合中的注视区域是以双眼为上线，以下颌为顶点连接成的倒三角区域。注视这个区域最容易有平等感，因此，社交注视常常在茶话会、舞会、酒会、联欢会，以及其他一般社交场合使用。注视听众的这个区域，会让讲话者感到轻松自然，因此能比较自由地将自己的观点、见解发表出来。

（3）亲密注视：这是亲人或恋人之间使用的一种注视行为，一般注视对方的双眼和胸部之间的区域。

2. 目光的运用

正确地运用目光，能恰当地表达内心的情感。在商务场合，不论是见到熟悉的人，还是初次见面的人；不论是偶然见面，还是约定见面，都要用目光注视对方片刻，面带微笑，展示出喜悦、热情的心情。对初次见面的人，还应微微点头，行注目礼，表示尊敬和礼貌。

在集体场合开始发言时，要用目光扫视全场，表示"我要开始讲了，请予注意"。

在交谈和会见结束时，要抬起目光，表示谈话结束。送宾客走时，要一直看着宾客走远，以示尊敬、友好。

在谈话中不能一直盯着对方，长时间的注视有蔑视和威慑功能，有经验的警察、法官常常利用这种手段迫使罪犯坦白。因此，在一般的商务交往和社交场合不宜注视对方。研究表明，在交谈时，目光接触对方脸部的时间宜占全部谈话时间的30%～40%。超过这个占比，可认为对对方本人比对谈话内容更感兴趣；低于这个占比，则表示对谈话内容和对方本人都不感兴趣。

在演讲、报告、发布会、产品宣传会等场合，讲话者与听众的空间距离远，必须持续将目光投向听众，或平视、扫视、点视、虚视，才能与听众建立持续联系。

# 项 目 小 结

仪容、仪表、仪态在社交场合中是非常重要的，能够展现一个人的修养、气质和精神面貌。通过保持整洁的面容、合适的服装和饰品、正确的姿态等，能够更好地展现个人的风度。一个仪表堂堂、仪态端庄的人往往能给人留下深刻的印象，赢得他人的尊敬和信任。

仪容的修饰包括了头发、面容等露在服装之外的部分，要求兼具仪容自然美、仪容修饰美，进而达到美好的内在修养与仪容外在美的自然融合。

仪表是一种无声的语言（本项目以服饰礼仪为代表进行介绍），它显示着一个人的个性、身份、角色、涵养、阅历及其心理状态等信息。

仪态即体态，泛指身体呈现出来的各种姿势。仪态是一个人的内在修养的体现。

在职场中，每个人都应该注重自己仪容、仪表、仪态的培养和提升。通过良好的仪容、仪表、体态，更好地与他人交流、合作，展现自身的优秀和魅力。

# 学习效果综合测试

【复习思考】

1. 什么是TPO原则？

2. 简述男士或女士在出席会议、谈判等场合的发型要求。

3. 分析着装对塑造个人形象的作用。

4. 女士在商务场合有哪些着装禁忌？

5. 在办公室中应该使用哪种香水？

6. 为什么在与人交谈时要善于倾听？

7. 掌握至少 2 种领结的打法。

【技能练习】

1. 站姿训练。

训练者靠墙站立，要求脚后跟、小腿、臀、双肩、后脑勺都紧贴墙面，每次训练 5～8 分钟，每天训练一次。

在头顶放一本书并使其保持水平，促使颈部、上身挺直，下巴向内收，每天训练 5～8 分钟，每天训练一次。

2. 坐姿训练。

着重脚、腿、腹、胸、头、手的训练，每天训练 10 分钟。

3. 假如明天你要去会见一位老客户，应为自己选择一套怎样的服装呢？请说明款式、配饰等。

## 学 习 笔 记

学习重点与难点：




已解决的问题与解决方法：




待（未）解决的问题：

学习体会与收获:

# 讨 论 区

1. 怎样根据自身特点进行妆容与发型设计?
2. 如何让仪态、礼仪为形象加分?

# 测 试 区

## 一、单选题

1. 职场男士在正式场合最优先选择的服装是（　　）。
   A. 唐装　　　　　　B. 休闲装　　　　　C. 西装　　　　　　D. 中山装
2. 西装的首选布料是（　　）。
   A. 混纺面料　　　　B. 纯羊毛　　　　　C. 化纤面料　　　　D. 天然面料
3. 职场男士穿单排3粒扣西装，在站立时为表示郑重应当（　　）。
   A. 只扣上面2粒　　　　　　　　　　　B. 只扣下面2粒
   C. 将3粒纽扣都扣上　　　　　　　　　D. 都不扣
4. 职场男士身着双排6粒扣西装，在站立时为表示郑重应当（　　）。
   A. 只扣上面4粒　　　　　　　　　　　B. 只扣下面4粒
   C. 都扣上　　　　　　　　　　　　　　D. 都不扣
5. 在着装中起到画龙点睛作用的是（　　）。
   A. 化妆　　　　　　B. 领带　　　　　　C. 佩饰　　　　　　D. 皮鞋
6. 领带打好后，最佳长度是（　　）。
   A. 领带长至皮带扣处　　　　　　　　　B. 领带长至皮带以下很多
   C. 领带长至皮带以上很多　　　　　　　D. 长短没有关系

## 二、判断题（正确的在括号中写"T"，错误的在括号中写"F"）

1. 长发过肩的女士必须将其长发剪短才能上岗。（　　）
2. 面容美化主要针对女士，男士不必每天修面、剃须。（　　）
3. 男士的西装主要有欧式、英式、美式和日式4种。（　　）
4. 若穿的是2粒扣西装，则一般只扣下面1粒。（　　）
5. 男士在正式场合穿着西装时，身上的颜色不超过4种。（　　）

6. 戒指戴在中指上表示尚未谈恋爱，戴在无名指上表示独身主义。（    ）
7. 戒指戴在中指上表示已结婚。（    ）
8. 仪态包括一个人的走姿、站姿、坐姿、蹲姿、手势，但不包括面部表情。（    ）
9. 注视一般可分为公务注视、社交注视和亲密注视 3 种。（    ）

三、多选题

1. 在商务活动中，适当化妆不仅是职业工作的需要，也是尊重他人的一种表现，化妆应遵循（    ）。
A. 美化原则　　　　B. 自然原则　　　　C. 协调原则　　　　D. 身体原则
2. 着装的 TPO 原则是指（    ）。
A. Time（时间）　　　　　　　　　B. Objective（目标）
C. Place（地点）　　　　　　　　　D. Occasion（场合）

测试答案

# 项目三　社交礼仪：懂礼知仪展风采

## 项目导读

本项目主要介绍职场联络、会面交往、接待拜访、商务宴请、礼品馈赠礼仪相关知识。阐明社交礼仪学习的重要性。在工作中，企业员工有良好的社交形象，能够建立良好的人际关系，创造和谐的工作环境；实现有效沟通，建立深厚友谊，取得支持与帮助；互通信息，共享资源，取得事业成功。

## 学习目标

**知识目标**：熟知职场联络、会面交往、接待拜访、商务宴请、礼品馈赠礼仪。
　　　　　　掌握正确的社交礼仪，建立良好的社交形象。
**技能目标**：在社交场合，能正确使用电话、微信。
　　　　　　能恰当地称呼、问候他人，用正确的姿势握手。
　　　　　　能够根据不同场合，恰当地介绍自己和他人。
　　　　　　能愉快地和别人交谈。
　　　　　　能正确安排宴请，并恰当地馈赠礼品。
**素养目标**：提高社会交际能力和培养团队协作精神。
　　　　　　提升个人职业素养，践行社会主义核心价值观。

## 本项目数字资源

项目三　综合资源（微课+课件）

## 任务一　职场联络礼仪

### 思政引领

#### 电话之父

美国发明家、电话发明人亚历山大·格拉汉姆·贝尔（简称其为贝尔）的祖父、父亲、兄弟等人都从事演讲、发音学行业，母亲是聋人画家。他从小和母亲默默沟通，很早就学会了手语，并对语言和声音有着超乎常人的敏感。

后来，贝尔醉心于机器发明。在当时，电报已经被发明出来了，该领域研究的焦点是多工电报，即在一根电线上传递多份电报。

贝尔在做电报实验时，偶然发现铁片在磁铁前振动会发出微弱声音，还发现这种声音能通过导线传向远方。这给了贝尔很大的启发，他想：对着铁片讲话可以引起铁片振动吗？这就是贝尔关于电话的最初构想。

在一次实验中，他不小心把硫酸溅到了自己的腿上。他疼得大叫："沃森先生，快来帮帮我！"这竟成了人类通过电话传送的第一句话。当沃森告诉贝尔听到了电话中的呼喊时，贝尔激动得热泪盈眶。

"电话之父"诞生了！虽然在此之前，已经有人研究过电话，但贝尔是第一个被授予专利的人。电话无疑是历史上普及速度最快、使用率最高的发明，它彻底颠覆了整个世界的通信方式，使得全球的贸易交流零距离化。

1877年，他建立了贝尔电话公司。电话从此走入千家万户，贝尔成了百万富翁。

电话的成功发明和推广，大大激发了贝尔的创造力，他又发明了许多实用的机器。

1879年，为了测定儿童的听力，他发明了一种衡量声音大小的仪器。衡量声音大小的单位"分贝"，正是以他的名字命名的。

1880年，贝尔改进了爱迪生发明的留声机，把转筒改为平面转盘（也就是现在的唱片），大大提高了可用性，留声机得以普及。

贝尔一生致力于帮助聋哑人，他成立的"亚历山大·格雷厄姆·贝尔协会"，至今仍运作良好。

贝尔是和盲聋女作家海伦·凯勒交往时间最长久、感情最好的朋友之一。在他们相识时，海伦·凯勒是一个脾气暴躁的孩子。但贝尔认为海伦·凯勒聪明绝伦，对她充满了信心。贝尔安排了安妮·沙利文做海伦·凯勒的老师，希望海伦·凯勒能融入社会。海伦·凯勒没让贝尔失望，后来成了一位知名作家，撰写了享誉全球的著作《假如给我三天光明》。

贝尔于1922年8月2日去世，美国的电话服务甚至暂停一分钟，以表示对这位伟大发明家的哀悼与敬意。

随着科学技术的发展和人们生活水平的提高，电话的普及率越来越高。如今，人们已离不开电话，每天都要接、拨大量的电话，电话是公认的最便利的通信工具之一。俗话说："闻其声，而知其人。"在日常工作中掌握电话礼仪，不仅有利于塑造优良的自身形象，还能提升自己在单位的整体形象。与当面交流不同，电话交流需要注意相应的礼仪要求。如今，移动电话、微信的使用日益频繁，线上社交更需要注意礼仪细节。无论采用何种职场联络方式，礼仪的内核都是一样的，那就是尊重他人，让沟通对象感到舒服、自在，努力让沟通变得更加真诚、有效。

## 一、电话礼仪要素

电话礼仪要考虑通话时间、通话空间、通话内容和态度4个要素。

1. 通话时间

通话发起者应注意通话时间和时长,注重通话的便利性、效率,特别是向尊者拨打电话。一般的公务电话,在节假日、休息时间不拨打,即晚上 9 点到次日上午 7 点;吃饭时间不拨打,若必须拨打,则先表示歉意,如"不好意思,打扰您休息了"。公务电话通话时间宜短不宜长,原则上不超过 3 分钟,重要的事情以说清楚为准,但需要事先加以说明。

2. 通话空间

通话空间要公私有别。一般来讲,私人电话在非办公区域拨打,不要占用办公电话,不要在办公区域大声接听或拨打与工作无关的电话,否则会影响同事们的工作,也会影响自己的形象。

3. 通话内容和态度

第一,重视第一句招呼语。在给某单位拨打电话时,若接通就能听到对方亲切、优美的招呼语,则会便于双方对话的顺利展开。声音清晰、悦耳,吐字清脆,能给对方留下好的个人印象和单位形象。

第二,要有喜悦的心情。在拨打电话时要保持喜悦的心情,由于面部表情会影响声音,所以即使对方看不见你,也要抱着对方能看见的心态,从而留下极佳的印象。

第三,要有端正的姿态和清晰、明朗的声音。在拨打电话的过程中,绝对不能吸烟、喝茶、吃零食。即使是懒散的姿势,对方也能够感觉出来。若在拨打电话的时候躺在椅子上,对方听的声音就是无精打采的;若坐姿端正,则发出的声音是亲切、悦耳、充满活力的。因此,在拨打电话时,要注意自己的姿态,发出清晰、明朗的声音。

第四,要迅速、准确地接听。现代工作人员业务繁忙,桌上往往有 2~3 部电话。在听到电话铃声 3 声之内,要迅速、准确地接听。电话铃声响 1 声,大约 3 秒钟。若长时间无人接听电话,或让对方久等,是很不礼貌的。对方在等待时会十分焦躁,因此形成不好的印象。即使附近没有其他人,也应该按要求接听,这样的态度是每个职业人士都应该养成的。如果电话铃声响了 5 声才拿起话筒,则应该先向对方道歉:"抱歉,让您久等了。"

第五,了解来电目的。在上班时间打来的电话,几乎都与工作有关。公司的每个电话都十分重要,不可敷衍,即使对方要找的人不在,也不要只说"不在"就把电话挂了,在接听电话时要了解来电目的,若自己无法处理,则应认真记录下来,进行有效沟通,不耽误事情。

第六,要注意挂电话前的礼仪。结束电话交谈,一般由拨打电话的一方先提出,然后彼此客气地道别,说一声"再见",再挂电话,不可自己讲完就挂断电话。

## 二、接听电话礼仪

一根电话线,连接你、我、他。对各大公司、企业,电话线可以说是"生命线"。因为有相当多的客户以接电话者的态度来判断公司值得信赖的程度,因此注意接听电话礼仪很重要。

一是在接听电话前应准备纸和笔。如果事先没有准备纸和笔,在通话中需留言,就不得不要求对方等候自己找纸和笔。在接听电话时停止手头的无关动作,不要让对方感到你在处理一些与电话无关的事情,这会让对方觉得你分心,不重视对方。

二是电话铃声不响过3声。在电话铃声响3声之内接起电话,问候对方:"您好,这里是某某公司……"以表示重视对方,并塑造良好的形象。不要故意延迟,拿起听筒后不要和周围人闲聊。如果接电话稍迟,应该致歉:"不好意思,让您久等了。"如果正在做一件要紧的事情,不能及时接听,则在接听时应作解释。如果既不及时接听电话,又不道歉,甚至不耐烦,就是极不礼貌的行为。

三是第一时间说出公司或者部门的名称。在接听电话前应看来电显示,若是外部来电,则应报出本单位名称;如果是内部来电,则应报出本部门名称。例如,"您好,这里是路易斯电子商务有限公司,请问有什么可以帮助您的?"或者"您好,这里是市场部,请问您找哪位?"不可以喊:"喂!喂!"或者不客气地问:"你找谁呀?"或"你是谁呀?""有什么事儿?"不能以大声喧哗的方式接听电话。

四是确认对方信息。对方打来电话,一般会主动介绍自己。如果没有介绍,或者没有听清楚,就应该主动问:"请问您是哪位?我能为您做什么?您找哪位?"不要一拿起听筒就盘问:"喂,哪位?"这在对方听来陌生而疏远,缺少人情味儿。接到对方打来的电话,一拿起听筒就要自我介绍:"您好,我是某某某。"如果对方找的人在旁边,先说:"请稍等。"然后用手掩住话筒,轻声招呼同事来接听电话,或者让对方等一等,放下听筒去叫接电话的人。如果对方找的人不在单位,则应该告诉对方,并且询问是否需要留言、转告。

五是代接电话。如果被呼叫的同事不在座位上,则邻座同事代为接听。接起电话之后,可以说:"您好,这里是路易斯电子商务有限公司。请问您找某某某吗?他临时有事走开了,需要我代为转达吗?"或者"请您稍后再来电话好吗?"切忌只说"不在"或者"我不知道",这是不负责任的、不专业的表现,容易耽误事情。

六是讲究艺术。在接听电话时,应注意让嘴巴和听筒保持4厘米左右的距离,要把耳朵贴近听筒,仔细听对方的话,同时左手拿听筒,右手拿笔,因为在办公室接听电话,不像接听个人电话那么随意,在对方打来电话的时候,必须做文字记录。

在电话结束之前,一定要和对方确认来电的主要内容,做到准确、到位,防止错记或者少记。如果是见面,那就要将见面的时间、地点、联系人、联系电话等相关的信息核实清楚。电话记录可牢记5W1H技巧,即何时(When)、何人(Who)、何地(Where)、干什么(What)、为什么(Why)、如何进行(How)。在工作交流中,5W1H技巧是十分重要的。如果自己有事不宜长时间交谈,需要终止交谈,则应该向对方说明原因,并告知对方一有空就会立刻回拨电话。在终止电话时,接听电话方应恭候对方先挂电话,不可自己讲完就挂断电话。如果双方身份不同,下级要等上级先挂电话,晚辈要等长辈先挂电话。骚扰电话可以先挂,比如,卖商铺、装修房子、投资黄金等的推销电话。

### 三、拨打电话礼仪

拨打电话是工作中很常见的一件事情,正确掌握拨打电话礼仪,能提高工作效率,促进交流合作。

首先问候对方:"您好,请问您是某某某吗?"再自报家门:"我是某某某单位的某某某。"然后询问对方:"请问您现在方便说话吗?"最后在告别时说:"打扰您了,非常感谢!"拨打电话除了要注意礼貌用语,还要清楚地表达自己的意图,以获取想要的信息。

为此，在拨打电话之前，应该仔细思考几个问题："我的电话要拨打给谁？""我拨打电话的目的是什么？""我要说明哪几件事情？它们之间有什么联系？""我应该选择怎样的表达方式？"

需注意的拨打电话礼仪如下。

一要选择对方方便的时间。无论与他人有多熟，都不要在休息的时候拨打电话，比如用餐时间、午休时间，尤其是晚上睡觉时间，有的人习惯早睡，所以不要太晚拨打电话，且在上午 7 点之前也不适合，要弄清各地区时差及各国工作时间的差异。如果是公事，则尽量不要占用他人的闲暇时间、节假日，避免在对方的通话高峰期和业务繁忙时间内拨打电话，尽量在对方上班 10 分钟以后或下班 10 分钟之前拨打电话，以便对方能专心地接听。

二要长话短说。拨打电话时要遵守 3 分钟原则，即拨打者应自觉地将每次通话的时间控制在 3 分钟之内。通话时间宁短勿长。

三要规范内容。在拨打电话前要作好充分准备，可以把对方的姓名、电话号码、通话要点等信息列成一张清单，避免在通话时出现条理不清的问题。在电话接通后，除了问候对方，还要自报单位、职务和姓名。如果请人转接电话，一定要向对方致谢。在电话中讲话一定要务实，不能吞吞吐吐、含糊不清。在寒暄后应直奔主题，及时表达目的，说完便可终止通话，否则会让对方觉得做事拖拉、效率不高。

四要避免成为电话机器。拨打电话的目的是促进彼此的交流和沟通，拉近彼此的距离。而电话本身是没有任何感情色彩的，所以在拨打电话时，一定要充满感情，达到使对方"闻其声，如见其人"的效果。一方面，要避免感情机械化，有些人会错误地认为电话只是传播声音的工具，只要把想说的话传给对方就可以了，而不在意自己说话的音调，这导致对方从电话中听到的声音是平淡的，甚至是不愉快的。在拿起电话听筒时，可用自己的声音表达出微笑和友好，对方虽然不能从电话中看见表情，但是能感受到拨打电话的人的热情和友好。另一方面，要注意语调和语速，因为声音在通过电话后，语调会有一些改变，所以语速、音量要适中，咬字要清楚，特别是说到数字、时间、日期、地点等内容时，一定要和对方确认。

五要语言文明。在对方接通电话之后，先要向接电话的人热情地问候："您好！"再谈其他。不能一上来就说事情，这样会让对方感到莫名其妙。在问候对方后，要自报家门，以便让接电话的人明白是谁拨打的电话；在结束通话前，要对对方说再见，如果少了这句礼貌用语，通话会终止得有些突然，让人难以接受。

## 四、移动电话礼仪

如今，移动电话——手机在日常生活、工作中扮演着非常关键的角色，已经成为每个人必不可少的交流工具。无论是在社交场所，还是工作场合，放肆地使用手机，已经成为严重的礼仪问题之一。在澳大利亚，一些电信营业厅已采取了向顾客提供宣传册的方式来宣传移动电话礼仪。

移动电话礼仪即手机礼仪规范，具体如下。

一是手机放置要恰当。在商务场所，手机在没有使用时，都要放在合乎礼仪的位置，一般可放在随身携带的公文包里，或上衣的内袋里。

二是使用手机要尊重别人。在公共场合接电话时，要注意控制自己的音量，避免影响周围的人，如不可外放声音玩游戏或看电影。在要求保持安静的公共场所，如在音乐厅、美术馆、影剧院等地参观展览或者观看演出时，应关闭手机，或将手机设置为静音状态。在办理业务时，长时间接电话会耽误业务人员和其他排队的客户。在艺术展或其他展览会，不要拍摄、分享未取得他人同意就拍摄的照片及影片。开会请关机，特殊情况下设置为振动状态，不要在会议上接电话。和别人进行面对面会议或谈话时，一般不要接电话，若遇重要电话要接，则先向对方道歉。在职场中要随身带手机，不要让手机长时间在桌上响。在会客、会议或聚会时，不要玩手机，以免给别人留下用心不专、不懂礼貌的坏形象。

三是使用手机要注意安全。行车时不要使用手机通话或查看信息，以免分散注意力，造成交通事故。使用中的手机会产生电磁波，不要在加油站、面粉厂、油库等处使用手机，免得引起火灾或爆炸。不要在病房内使用手机，以免手机信号干扰医疗仪器的正常运行，或者影响病人休息。不要在飞机飞行期间使用手机，以免给航班带来危险。不要在手机中谈论商业秘密或国家机密，因为手机容易出现信息外泄，造成不良后果，特别注意周围有无禁止无线电发射的标志。

四是使用手机拨打电话要注意通话方式。在人多的场合，如地铁、公交车等，切忌旁若无人地大声通话，正确做法是侧身通话或找个僻静的场所交谈。在公共场合时，最好不要边走路边打电话。

五是手机要注意彩铃的设置。由于网络技术的进步和发展，彩铃不仅可以从网络上下载，而且可以自行编制。彩铃多种多样，乐曲、歌声、仿人声、仿动物叫声应有尽有，有些彩铃很搞笑或者很怪异，与千篇一律的彩铃比较起来，确实有独特之处，但如果经常用手机联系业务，则不要用怪异的彩铃，以免影响正常工作。

六是使用手机要尊重隐私。手机是个人隐私的重要组成部分，为了尊重他人，体现自己的涵养，不要翻看他人手机中的任何信息，包括通讯录、短信、通话记录等。一般情况下，不要借用他人的手机拨打电话，迫不得已需要借用他人手机拨打电话时，不要走出机主的视线，并且尽量做到长话短说，用完要表示感谢。

七是使用手机要注意收、发短信。在需要将手机设置为振动状态的场合，提前在用手机收、发短信前设置成振动状态，不要在别人面前查看短信。一般情况下，发短信最好署名，以便对方一目了然，否则会让对方猜半天，甚至会误事。

八是使用手机拨打电话要注意时间。给别人拨打电话要注意时间，中午休息时间、晚上10点以后会影响他人休息。任何时间拨打电话，都要考虑对方是否方便，尤其对方身居要职或非常忙碌。拨通电话后，第一句话可以问："您现在通话方便吗？"若有其他联络方式，尽量不要拨打电话。如果是重要的电话，则可以先用短信预约，以便对方进行安排。

### 五、微信社交礼仪

通过微信扫一扫添加好友，可在线上交流、沟通，方便快捷。微信已经成为人们工作、生活中使用最频繁的聊天工具。微信社交礼仪是人们需要掌握的技能和必备的素养。

微信社交礼仪如下。

一是尽量把要表达的信息说清楚。不要只发送一句"在吗？"就没有下文了，要把想说的事情一次性说清楚。

二是不要连续给人发多条消息。有要事请简要发消息，如果对方没有回复，则可能不方便。要先想想时间、场合是否合适，不要死缠烂打。

三是要及时回复他人的消息，如果没能及时回复，则要在方便的时候向对方解释原因，并表示歉意。如果别人给你发了消息，你正好有空，那么最好及时回复。因为对方发消息给你，说明对方是有空的，同时对方希望和你沟通。即使你对对方发的信息完全没有兴趣，也要礼貌地回复，不要故意不理会。可以通过降低回复的频率表达不太想沟通的意愿，给对方一个台阶下。

四是尽量不要发语音。如果对方正在办公室开会、上课或陪客户，则一定不方便听语音，发语音没有发文字消息沟通方便、一目了然。当然，对于家里不会打字的长辈，在用微信沟通时发语音是完全可以的。

五是尽量不要随便发起语音聊天请求和视频请求。如果打字比较慢，或有急事要通过语音或视频沟通，则先发给对方文字消息，问对方是否方便。

六是在视频聊天时，要衣着整齐。无论是与亲戚，还是与同学视频，都要注意个人形象。

七是不要不分时间、场合，随便给他人发消息。不要在清晨或夜里10点之后给人发任何信息，无论闲聊，还是工作。当然，真有急事要处理则另当别论。切忌半夜给人发消息，更切忌在半夜给异性发消息。

八是尽量不要发广告，或者强行要求微信群成员点赞。在微信群里发广告之前，请先在微信群里作说明或发个红包并作说明。

九是不要随便转发朋友圈的内容，不要跟风发朋友圈，如不转发没有依据和有损社会风气的内容，不造谣、不传谣、不信谣，不煽动他人情绪，坚决远离黄色、暴力信息。

十是不要随便拉人进微信群。如果想分享一个比较好的微信群，则可以在朋友圈发信息，让想进微信群的人先点赞，再拉进群，或发二维码让其自愿进微信群。

十一是在添加好友时自报家门。比如"我是某某某""我是某某公司的谁"。如果在添加好友时忘记了，则在好友申请通过后及时做一个简单的自我介绍。谁主动加微信好友，谁先自报家门。等到对方反问："你是谁？"这就有些尴尬了。

十二是不要刷屏似的发朋友圈。如果是微商，则利用朋友圈做生意要适度。人们反感宣传一些"三无"产品或狂轰滥炸式地连续发产品广告。有些微商做得很好，除了产品介绍，还发一些小故事等。

十三是点赞、评论要根据具体情况具体分析。不要不看内容就点赞，要是别人遇到不好的事情，这时点赞就不合适了。评论也是如此，多用正面的、积极的、肯定的语言。

十四是不要删了好友又添加。不小心删错了，可以理解。如果先删了别人一次又一次，然后又添加，这样做就太没有修养了。

十五是不要随便给人贴标签。朋友圈仅仅是一种个人喜好的表达，不要看了人家朋友圈，就随便给人家贴标签。有人爱发工作照不代表时刻在工作，有人从不发工作照不代表不重视工作，有人爱发美食图片不代表好吃懒做。

十六是巧用表情符号。在聊天时，适当使用表情符号，能让人产生亲近感，更直观地表达自己的情绪，也能通过表情符号释放善意和愿意与对方沟通、互动的信号，活跃聊天气氛。当然，发表情符号要适度，千万别连续发。

# 任务二　会面交往礼仪

**思政引领**

## 有"礼"走遍天下

B公司销售部经理要到A购物中心洽谈双方合作事宜，A购物中心对此十分重视，早早就作好了各项准备。这天，A购物中心派秘书小吴和司机前往机场迎接B公司销售部经理，见到客人后，小吴立即上前主动问候，并说："实在抱歉，我们经理无法抽身亲自来迎接您，叮嘱我一定要向您表示歉意。"小吴和司机来到轿车旁，为客人放好行李，打开车门请客人上车坐好。来到事先预定的酒店，小吴为客人办理好住宿手续，并送客人到房间，在向客人介绍酒店周围的情况后，他将活动日程表交给客人便告辞了。

## 一、迎送宾客

迎来送往是正式场合中常见的会面交往礼仪，商务人士必须熟练掌握其规范、技巧。不同场合，迎送规格有高低、仪式有繁简，但迎送宾客在每一次接待活动中都不能缺少。俗话说："好礼节，拥有好客户。"周到迎送，可以给客人宾至如归的感觉，给客人留下美好的回忆。

### （一）迎接宾客

迎接宾客一般在特定的会面场所，如酒店、会议厅等。

见到客人光临，应主动上前，彬彬有礼地问候，表示热忱欢迎。接待团体宾客时，应连续向宾客点头致意，若宾客先致意，则要及时还礼。在向每一位宾客致问候语时，要目视宾客，注意力集中，以示真诚。

当宾客乘坐的车辆抵达时，要热情相迎。车辆停稳后，接待人员先下车，一只手替宾客拉开车门，另一只手遮挡车门框上沿，以免宾客头部碰到车门框。在雨雪天，要主动撑伞迎接，以防宾客被淋湿。

遇到老弱病残幼，要主动搀扶。

要主动、热情帮助宾客，或请行李员提拿行李，并做到轻拿轻放，以免损坏行李中的贵重物品和易碎物品。同时要尊重宾客的意愿，如果宾客坚持自己提拿行李，则不要过分热情地强行提供帮助。

引导宾客在走廊上走时，应走在宾客左前方2~3步的地方，让宾客走在走廊中间。转弯时，需提醒宾客："请往这边走。"

引导宾客在楼梯上行走，先说要去哪一层楼，上楼时让宾客走在前面，一方面是确认宾客的安全，另一方面是表示谦卑，不要站得比宾客高。

在进出电梯时，必须按住电梯按钮。在进电梯时，如果只有一位宾客，则可以以手压住打开的门，让宾客先进；如果人很多，则应该先进电梯，按住电梯开关，招呼宾客进来，再让自己公司的人进来。在出电梯时，刚好相反，按住电梯开关，宾客先出电梯，自己最后出电梯；如果上级在电梯内，则应让上级先出电梯，自己再出。

迎送人员陪同宾客到达下榻处后，应将宾客引进事先安排好的客房。若宾客多，则应先请宾客到大厅休息，再与相关负责人联系，由相关负责人协助分配客房和办理入住登记手续。宾客入住后，要把就餐地点和时间告诉宾客，重要宾客应由专人陪同，引进餐厅就餐。

宾客初到时一般不宜立刻安排活动，迎送人员不要久留，应让宾客稍作休息、洗漱、更衣，但可将来访的日程、安排及要求、事项向宾客通报，并尽可能地向宾客提供有关资料，约定接下来的见面时间、地点和联系方式。

陪同宾客坐车时不要打瞌睡，一是对宾客不尊重；二是不利于安全行车；三是有损个人形象。

（二）欢送宾客

对于外来的宾客，需帮助宾客预购往返车票、船票或飞机票，或提供购买方便。若自己实在无力解决，则要尽早通知宾客，免得宾客措手不及。为宾客代购车、船、机票，应问清车次、航班时间及具体要求。

送行人员在问清宾客共有多少件行李后，小心地提拿并运送到交通工具上。

在安置好行李后，不要立即转身离去，而应向宾客做行李放置说明，并表达感谢光临和致告别语。

轻轻替宾客关上车门，注意不要让宾客的衣裙被车门夹住，车门要关得恰到好处，不能关太轻导致关不上，不能关太重而惊吓宾客。

在车辆启动时，不要立即结束欢送，应面带微笑向宾客挥手告别，目送其离去。

在前往车站、码头或机场送别时，应与宾客一一握手，祝愿宾客旅途顺利，并欢迎其再次光临。将宾客送上车、船或飞机后，送行人员应面带微笑，挥手告别，待车、船或飞机离开，直至看不见时，方可返回。

## 二、称呼

人与人打交道时，相互之间免不了要使用称呼，不使用称呼或者使用称呼不当都是失礼的行为。所谓称呼，通常是指在日常交往、应酬中，人们彼此之间使用的称谓。需要注意的是，选择正确、适当的称呼不仅反映自身教养和对被称呼者的尊重程度，而且在一定程度上体现着双方关系的亲疏。从某种意义上讲，一个人称呼另外一个人意味着自己主动对彼此之间的关系进行定位。

（一）称呼的原则

在商务交往中，职场人员想要对他人采用正确、适当的称呼，通常兼顾 4 项原则：一是必须符合常规；二是必须区分场合；三是必须考虑双方关系；四是必须坚持入乡随俗。

（二）称呼的类型

在职场上对他人的称呼，理应正式、庄重而规范，大体上可分为 4 种类型。

（1）职务性称呼。在工作中，以交往对象的行政职务相称，以示身份有别并表达敬意，这是商务交往中最为常见的。在实践中，具体可分为以下 3 种情况。

一是简称行政职务，如董事长、总经理、主任等，多用于熟人之间。

二是在行政职务前加上姓氏，如王董事长、汪经理、李秘书等，适用于一般场合。

三是在行政职务前加上姓名，如王惟一董事长、滕树经理、林英主任等，多用于极为正式的场合。

（2）职称性称呼。对于拥有中高级技术职称者，可在工作中直接以此相称。在有必要强调对方专业水准的场合，尤其需要这么做。职称性称呼通常分为以下3种情况。

一是简称技术职称，如总工程师、会计师等，常用于熟人之间。

二是在技术职称前加上姓氏，如谢教授、严律师等，多用于一般场合。

三是在技术职称前加上姓名，如柳明伟研究员、何娟工程师等，常用于十分正式的场合。

（3）学衔性称呼。在一些有必要强调科技或知识含量的场合，可以学衔作为称呼，以示对对方学术水平的认可和对知识的强调，大体有以下4种情况。

一是简称学衔，如博士，多见于熟人之间。

二是在学衔前加上姓氏，如侯博士，常用于一般场合。

三是在学衔前加上姓名，如侯钊博士，仅用于较为正式的场合。

四是在具体的学衔之后加上姓名，即明确其学衔所属学科，如经济学博士曾飞、工商管理硕士马月红、法学学士衣霞等。此种称呼最为郑重。

（4）行业性称呼。在工作中，若不了解交往对象的具体职务、职称、学衔，则不妨直接以其所在行业的行业性称呼或约定俗成的称呼相称，一般分为2种情况。

一是以其行业性称呼相称。例如，称教员为老师、称医生为大夫、称驾驶员为司机、称警察为警官等，且此种称呼前均可加上姓氏或姓名。

二是以约定俗成的称呼相称。例如，对服务型企业的从业人员，可按性别称对方为小姐或先生。在这种称呼前，可加上姓氏或姓名。

### （三）称呼的禁忌

在正式场合中，有一些称呼是忌讳使用的，它们的共同之处是失信于被称呼者。

（1）错误性的称呼。错误性的称呼由称呼者粗心大意、用心不专所致。常见的有2种情况：一是误读，其原因在于不认识被称呼者的姓名，或者念错了对方的姓名；二是误会，对被称呼者的职务、职称、学衔、辈分、婚否做出了错误判断，例如，把一名未婚妇女称作夫人，这显然属于重大失误。

（2）庸俗性的称呼。在商务交往中，一些庸俗且档次不高的称呼，绝对不宜使用，动辄对他人以朋友、兄弟、死党、哥们儿、姐妹相称，往往只会贬低自己的身份。在正式场合，不论对外人，还是对自己人，最好都不要称兄道弟，这不仅不会使人感到亲切，反而会让人觉得格调不高。有教养的职场人士绝对不可以擅自以绰号称呼别人，不论自己为别人起的绰号，还是道听途说的绰号，都不宜使用，尤其是一些对他人具有侮辱性的绰号，更应禁止使用。

## 三、问候致意

会面交往礼仪中的问候致意看似是一件小事，却是礼貌礼节的一种外在表现，往往能反映出一个人的心态好坏和素质高低。一句招呼，一声问候，能给别人带来尊重，能给自己带来自信、带来帮助、带来成功。善于问候，将拉近人与人之间的距离，使人生变得更加精彩。打招呼是联络感情的手段，增进友谊的纽带，所以绝对不能轻视和小看打招呼。

要积极主动地跟别人打招呼。主动打招呼传递的信息是"我眼里有你"，如果主动和单位的同事打招呼持续一个月，则自己在单位的人气可能会迅速上升。有的人认为，主动打招呼显得自己身份低微，实际上不是这样的，主动打招呼说明这个人有宽广的胸怀和积极的人生态度，每个人都希望别人看到自己的自信，因此应该养成主动跟别人打招呼的习惯，给别人留下自信、热情的印象。

打招呼有一些基本要求。

一是得体。中国人见面喜欢互相问候，而且越是先问候别人，显得越热情、有教养，知礼、明礼。例如，工作中最普遍的问候语是"您好""再见"，若加上恰当的称呼，如"王师傅您好""李老师，再见"，就会显得亲密。当然，随着社会的发展，人们观念的变化，问候语越来越丰富。

二是适度。打招呼的方式，要考虑环境、场合因素。在生活中见到关系密切的人，可以运用轻松、随意的打招呼方式和语言；而在商务社交中，就应该选用较正式的打招呼方式。

三是与自己的身份相符。在问候时人们通常会很自然地行见面礼，这时要依照自己的身份选择行礼方式，如办公室的普通职员面对高级别的来访者或洽谈业务者，一般需要放下手中的工作，热情行礼。

打招呼的一般规则如下：男性先向女性致意，以表示对女性的尊重；年轻人，不管男女，应向长辈致意，以表示对长辈的尊重；下级应向上级致意，表示对上级的尊重；两对夫妇见面，女性首先互相致意，其次男性分别向对方的妻子致意，最后男性互相致意。在大街上打招呼，相距3～4米是最好的距离，男性可欠身或点头，如果戴着帽子，则应摘去。在与人打招呼时，不要叼着烟卷或把手插在衣兜里。女性在各种场合均应主动微笑、点头致意，以示亲和。对熟人不打招呼或不应答都是失礼的行为。在与西方人打招呼时，避免使用中式用语，如"你上哪儿去""你干什么去"，在西方人看来，这些是隐私。更不应说："吃饭了吗？"否则会被误认为要邀请对方一起吃饭。与中国少数民族及信奉宗教的人打招呼，应根据当地的宗教信仰及习惯打招呼，如与信奉伊斯兰教的人打招呼，要说"真主保佑"以示祝福，否则会引起麻烦及误解，影响双方的正常交往。

常见的问候语。最简洁明了、使用最广泛的问候语是"您好"，这既是一声问候，同时又有祝福他人的含义。根据碰面的时间，互道一声"早上好""下午好""晚上好"。在一些特定的场合，例如离得比较远、不适宜讲话或者遇到关系比较一般的人时只用相互微笑，或者点一下头。

打招呼的方式灵活多样，可以问好、问安，也可以表达祝福，还可以握手，甚至可以拥抱、点头、挥手、微笑，等等。在打招呼的时候，要根据当时的具体情况，表示对他人的尊敬和重视。例如，在行走的过程中打招呼，可放慢行走速度，或停下脚步；在室内打招呼，可起立、欠身、点头。但是无论在什么地方、什么时候打招呼，都要面带微笑看着对方。

打招呼有一些错误的做法，比如，只给领导打招呼，或对人的热情程度有异，或在跟人打招呼时不看对方。

## 四、握手和拥抱

### （一）握手礼

握手礼已是如今最为普遍的社交礼仪，它已经成为世界各国和中国各民族之间通用的见面礼和告别礼。

1. 握手的姿势

在握手时，要注意调整自己的姿势。握手的姿势得当，可使对方感到热情，反之，则会让对方有冷落感。在握手时，要向对方点头，表示对对方的尊重，或者用力摇晃几下，以示热情。用力要适当，以握紧但不握疼对方为宜，握得太轻或不握住对方的手掌，而只用几根手指和对方的手碰一下都是失礼的行为。正确的握手姿势是伸出右手，稍微用力握住对方的手掌，双目注视对方，面带微笑，上身略微前倾，头微低，亲切地说出"您好""谢谢""欢迎"等礼貌的话语。

2. 握手的时间

握手的时间不要太长，也不要过短。一般控制在3~5秒之内。男士与女士握手的时间要稍短，用力要轻，千万不可把女士的手握疼。有的女士不习惯握手，男士可用点头致意来代替握手。在握手时，目光专注表示礼貌，若避开目光会显得心不在焉，目光低垂会显得拘谨。落落大方地与他人握手，会给交际形象增辉。若遇见老朋友，双方特别亲热，那么握手时间可长一些，不仅可用右手相握，还可用左手握住对方的右手手背，这是一种亲切、友好的表示。

3. 握手的禁忌

在会客之前，若时间许可，则最好做手部清洁，这样与客人握手时就会给对方留下较好的印象。有的人有手汗，若以汗湿的手与人相握，则是很失礼的。出手汗的人在伸出右手之前，可先做整理衣服或衣巾的动作，把手汗擦干，再握手，这样可避免尴尬。

在握手前应脱下手套、摘下帽子。如果女子的戒指戴在薄纱手套外，则可不脱手套。

不宜用左手与人相握，不宜多人交叉握手。

不宜戴着墨镜与人握手。

握手礼虽然已普遍适用于国际交往中，但仍有一些较为保守的国家禁止异性握手。

4. 握手的顺序

在握手之前要审时度势，听其言，观其行，留意握手信号，选择恰当时机。要尽量避免出手过早，造成对方慌乱，也要避免几次伸手才相握的情况。

在与多人同时见面时，握手次序要顺其自然，不交叉握手。在与他人握手时，最有礼貌的顺序是先上级后下级，先长辈后晚辈，先主人后客人、先女士后男士。

如果对方是长者、贵宾、领导或女士，那么最好先等对方伸手，再与之握手。若女士不伸手，无握手之意，则男士点头或鞠躬致意即可。

如果自己家里有客人来访，则要主动伸手行握手礼（见图3-1）。如果去别人家做客，则应等主人伸手后，再伸手与之相握。

在外交场合遇见外国贵宾时，通常不要主动上前握手问候，只需有礼貌地点头致意，表示欢迎即可。只有当贵宾主动伸手时，才可上前接握、问候。

图3-1 握手礼

## （二）拥抱礼

拥抱礼，一般指的是交往双方互相以双手抱住对方的上身，借此向对方致意。这在中国不是很流行，但在国际社会中，拥抱礼却得到广泛运用。在庆典、仪式、迎送等较为隆重的场合，拥抱礼最为多见，在国际化的政务活动中尤为如此。

在社交休闲场合，拥抱礼则可用、可不用。在某些特殊的场合，诸如谈判、检阅、授勋等，则大多不使用拥抱礼。

拥抱礼最常见的做法是在两个人走近之后，先各自抬起右臂，把手搭在对方左肩，随后按左侧、右侧再左侧的顺序进行拥抱。拥抱礼仪要诀是左脚在前，右脚在后，左手在下，右手在上，胸贴胸，手抱背，贴右颊（伸出自己右脸与对方相贴）。

行拥抱礼易犯的错误如下：抱住对方的腰部，这是恋人之间的动作，而非商务礼仪；手搭在肩上是不合礼仪的；切忌贴左颊，否则可能有碰头的风险；行拥抱礼时离得太远，容易翘臀；抬起小腿是不合礼仪的。

## 五、介绍自己和介绍他人

### （一）介绍自己

介绍自己（自我介绍）实际上是一种自我推荐，人与人之间的相识、交往，大多数情况是从自我介绍开始的。自我介绍是打开社会交往大门的一把金钥匙，不仅能让人了解自己，与自己交友，还能让自己有用武之地。良好的开端是成功的一半，如果自我介绍成功，则可使自己在社交活动中一路顺风，相反就可能给自己带来种种交际上的困难。因此，学会自我介绍是走向社会、成就事业的一门必修课。

首先，介绍者必须面带微笑，微笑会令对方感到温暖和诚意，否则将无法营造融洽、和谐的气氛。最后以"我叫某某某"开头进行自我介绍，这种介绍的重点就是要把名字说清楚。如果对方因没有听清名字而叫错人，则一定会陷入尴尬，很容易出现不愉快的场面。因此，在自我介绍时，除了要讲清楚名字，最好能附带一句"弓长张"或者"木子李"之类的说明，这样既能使对方加深印象，也能传递更准确、清晰的信息。

在自我介绍时，应先向对方点头致意，待得到回应后，再向对方介绍自己的姓名、单位、职位等。

自我介绍有以下4种形式。

一是应酬式。这种自我介绍最为简洁，往往只包括姓名一项即可；适用于某些公共场合和一般性的社交场合。

二是礼仪式。自我介绍包括姓名、单位、职务等，同时还应加入一些适当的敬辞；适用于讲座、报告、演出、庆典、仪式等正规、隆重的场合。例如，"各位宾客，大家好，我叫王佳怡，是大明教育集团的教务主任，我代表本集团，热忱欢迎大家光临我们的新闻发布会。"

三是工作式。自我介绍包括姓名、供职单位及部门职务、从事的具体工作等；适用于工作场合。例如，"你好，我叫王佳怡，是大明教育集团的教务主任"。

四是交流式。自我介绍包括姓名、工作习惯、学习兴趣及与交往对象的某些熟人的关系；适用于社交活动，希望与交往对象进一步交流与沟通。例如，"您好，我同学李健也在大明教育集团工作。"

### （二）介绍他人

在为他人作介绍时，最好先说一句"请让我来介绍一下"或"请允许我向您介绍一下"之类的开场语。在半正式或非正式场合，可以使用一些非正式开场语，如"小姐，您认识某某先生吗？""小张，来见见某某先生好吗？""某某小姐，你见过某某先生吗？"

介绍的顺序绝不是可有可无的形式问题，而是涉及个人修养与组织形象，以及公关活动的目的能否如愿达成的大问题。

目前，国际公认的介绍顺序如下：先为女性介绍男性，先为年长者介绍年轻者，先为职位高者介绍职位低者，先为主人介绍客人，先为早到者介绍晚到者。简单地说，尊者拥有优先知情权。

存在特殊情况的介绍顺序。例如，当一位年轻女性前来拜访一位年长许多的男性时，就应将年轻的来访女性介绍给年长的男性。先介绍人数少的一方，后介绍人数多的一方。在会议、比赛、演讲、报告时，可以只将主角介绍给大家。

两对夫妇见面的介绍顺序，也适用于两对普通关系的男女。当两对男女见面，双方男士互相认识时，可按以下顺序介绍。假如一方为彭先生与彭太太，另一方为Peter先生和郭小姐，双方见面后互相介绍，彭先生说："嗨，Peter！"Peter先生说："嗨，彭总！"简短寒暄之后，先为女性介绍男性。彭先生说："太太，这位就是我常向你提起的项目合作伙伴——Peter先生。"之后再将自己的妻子介绍给对方男性："Peter，这位是我太太。"彭太太说：

"您好，久仰久仰。"Peter 说："您好，幸会。"三人互相认识后，应立即为郭小姐介绍。Peter 说："郭小姐，这位是我们公司项目的合作伙伴——彭总。"接着为彭总介绍郭小姐，Peter 说："彭总，这位是我的同事——郭小姐。她是我们公司研发部的技术骨干。这次咱们的合作项目主要由她来负责。"介绍之后，新结识的双方再相互问候。

## 六、名片礼仪

名片已成为人与人交往的一种重要手段。名片是一个人身份和地位的象征，也是一个人尊严和价值的彰显方式，是使用者获得社会认同、理解与尊重的一种方式。名片上一般印有单位名称、头衔、联络电话、地址等，有的还印有个人照片。通过递送名片，可以使对方快速知晓身份，保留联系方式，所以有人把它称作另一种形式的身份证。不过在信息化时代的今天，很多人在使用微信生成的电子名片。

### （一）递送名片

递送名片时要用双手，而且在递送自己的名片时，除了要检查、确定是自己的名片，还要看看正反面是否干净。在向对方递送名片时，应面带微笑注视对方。名片应以正面朝上，并以能让对方正常读出内容的方式递送。

如果坐在座位上，应当起立或欠身递送。在递送时可以说一句"我叫某某某，这是我的名片"或"我的名片，请您收下"之类的客气话。

此外，自己的名字若有难读的或特别的字，则在递送名片时，不妨加以说明。同时，可顺便把自己推销一番，这会使人有亲切感。相反地，接到别人的名片时，如果有不会读的字，则应当场请教。

### （二）接收名片

在接收他人递送过来的名片时，除特殊情况外，比如身体有残疾的，无论男性或女性，都应尽快起身或欠身，面带微笑，用双手的拇指和食指按住名片下方的两个角，并视情况说："谢谢，能得到您的名片，真是十分荣幸。"

名片接到手里，应认真阅读，十分珍惜地放进皮包内或西装内侧口袋中，切不可在手中摆弄。如果交换名片后，需要坐下来交谈，此时则应先将名片放在桌上最显眼的位置，在十几分钟后，再自然地收起来，切忌用别的物品压住名片。名片代表名片主人，因此应该像对其主人一样给予尊重。

如果是初次见面，最好将名片上的重要内容读出声，注意语气轻重得当，语调抑扬顿挫，需要重读的主要是对方的职务、学衔、职称等。如果对方的组织名气大或知名度高，则可重读组织名称。假如一张名片上印有"某某市小汤村食品公司王玉总经理"，可分别将重音读在"村"和"总"字上，其效果显然不理想；又如，一张名片上写着"联想集团某某分公司业务科刘福副科长"，我们分别将重音读在"联想"和"副"字上，对方所产生的心理感受一定会很不一样。

不要当着对方的面在名片上做谈话笔记，但在事后整理和收藏名片时，可以在名片反面记下认识对方的时间、场合、是否有其他在场人员等，这样会很容易记起对方，为进一步沟通打下良好的基础。

在对方递送名片之后，如果自己没有名片或没带名片，应当首先对对方表示歉意，再如实说明理由，如"很抱歉，我没有名片""对不起，今天我带的名片用完了，回去后我会立即寄一张给您的"。

### （三）递送名片的次序

递送名片的次序没有太严格的讲究，但一般是地位低的人，先向地位高的人递送名片；男性先向女性递送名片；当对方不止一人时，应先将名片递给职务较高或年龄较大者，若分不清职务高低和年龄大小，则可先和自己对面左侧的人交换名片，然后按次序交换。

### （四）名片的放置

随身携带的名片应使用精致的名片夹。在穿西装时，名片夹只能放在左胸内侧的口袋里。左胸是心脏之所，将名片放在靠近心脏的地方，无疑是对对方的一种尊重。切忌放在臀部的裤袋内。在不穿西装时，名片夹可放于自己随身携带的手提包里。

有时，商务人士在一次活动中需要接收的名片很多，最好能拥有一个专门收藏名片的名片夹，将他人的名片放在一处，将自己的名片放在另一处，使名片存放得整齐、有序，不易丢失，否则一旦在慌乱中误将他人的名片当作自己的名片递送，会很尴尬。

把名片放在钱包里的做法是应该避免的，因为在递送名片时，要把钱包打开，里面的证件、信用卡等都要随着亮相，这是很不雅观而又失礼的事。

在印刷名片时，要注意公私有别，名片上不应提供私宅电话，只提供办公室电话、手机号码就可以了，这是自我保护意识的体现。

关于在名片上涂鸦的问题。比如，名片主人的电话号码变了，但是职位没有变，就在名片上将原来的电话号码涂鸦，在旁边写上新电话号码，名片是一个人的脸面，会影响个人的形象。名片上不必印有太多职务、名片不宜过大而不利保存、名片不宜过小使字迹难以看清、香味不宜太浓等。

## 任务三　接待拜访礼仪

**思政引领**

### 国宴接待礼仪

奥运会国宴排序礼仪。2008年8月，我国举办第29届奥运会，来自美、俄、日、法、英等国的125位国家元首、政府首脑等与会，那么国宴怎么排列席位？需要考虑的因素如下：突出重点国家及地区的代表性，兼顾同我国的关系及其宗教信仰，避免使关系不和的国家代表相邻或同桌。同时，必须避免出现某国元首或政府首脑桌次靠后的尴尬。中国礼宾部门圆满解决了上述的诸多困扰，取得良好效果。具体做法：贵宾所在9个大桌，不以数字表示，没有明显的先后次序，而分别以牡丹、茉莉、兰花、月季、杜鹃、荷花、茶花、桂花、芙蓉9种花卉名称命名，每位贵宾都得到尊重，皆大欢喜，充分体现了奥运大家庭的和谐氛围。

亚运会国宴宴请礼仪。第19届亚运会国宴在西子宾馆举行，主题为"钱塘盛宴"，席面以"浙山、浙水、浙条路"为主线，用中国传统山水盆景的营造写意手法呈现。该国宴充分体现杭州元素，冷盘是钱塘风味冷盘、江南特色小碟；例汤是松茸鲜菌汤；主菜为龙井虾仁、西湖醋鱼、竹香牛排和秋分时蔬；主食是杭州小笼包和杭式葱油拌面；点心是浙江传统名点；甜品为淇淋鲜果；宴会用酒是2016年G20杭州峰会款待各国元首的张裕爱斐堡。浙江传统名点一共有4款点心，分别是月饼、荷花酥、莲子糕和定胜糕，都是杭州的特色点心，莲子糕做成了"三潭映月"的造型。整套菜品以雕刻、糖艺等手法表现亚运会主题，考虑秋分时节和临近中秋的时令特色，提升视觉效果，通过色、香、味、器、形等全方位展示中国饮食文化和烹饪技艺。身着亚运潮涌元素礼仪服饰的国宾服务团队以"传承国宾礼遇，创造尊崇体验"的使命，以东道主身份展示从容、自信的国宴接待服务，如入座、侍酒、上菜、介绍、撤盘，这一系列国宴招待服务优雅得体。

## 一、商务接待礼仪

商务接待礼仪是指商务人士在从事商务活动时遵循的礼仪规范，它在商务交往中起到很重要的作用。商务接待是很多企业员工经常做的工作，在接待中的礼仪表现，不仅关系到自身的素养，还关系到企业的形象。

第一，了解宾客的基本情况，收集基本信息。比如职位、性别、人数、来访目的、乘坐的交通工具、到达的具体时间、会谈所需资料等。如果是重要外宾或上级部门领导，信息收集得越详细越好，如宾客的个人喜好、饮食习惯、处事风格，以及安排好每一餐的菜品、准备好每一个参观区的解说词等。

第二，进行商务接待准备，制订接待计划。在了解宾客基本情况之后，开始拟定接待方案，确定接待规格和接待日程，明确接待形式，进一步拟定接待人员名单，以及预备好接待的经费等。一般的接待日程安排应该周全、疏密有致，通常由接待方负责安排，但宾主双方也要有所沟通，以便宾客的需求能被充分给予考虑。

第三，准备接待环境。宾客将要到达的区域包括前台大厅、办公室、会议室等，必须做到干净、整洁、美化，布置相应的欢迎物品，如欢迎横幅、绿植、鲜花，并适当地准备水果、饮料、茶具等。

第四，准备活动物品。对于宾客即将参与的活动，如会议、用餐、用车等都必须准备好。

第五，安排接待人员及相关资料。一般安排级别对等及与项目相关的接待人员开展接待，准备好接洽过程中所需要的所有项目资料及汇报材料。

第六，做好接待心理准备。接待人员应具备良好的待客心理，要有强烈的角色意识和服务意识，体现出一个"诚"字，即应站在对方的立场上，将心比心，以诚相待。

第七，准备相关的业务知识。公司的发展史、现阶段战略目标、项目特点及规模、部门设置等都要熟悉，随问随答。及时掌握当地名胜景点的游览线路，以及政治、经济、文化等信息，以便安排行程和回答宾客提问。

在宾客将要到来时，接待人员应及时了解其抵达的时间和乘坐的交通工具，准备接站或者恭候到来。此时，接待人员对自己的仪表要作恰当的准备，不可随随便便进行接待。古往今来，人们都会把主人仪表整洁与否，同尊重宾客与否直接联系起来。

在接待人员见到宾客后，热情打招呼，主动伸手相握，以示欢迎，同时说"您路上辛苦了，欢迎光临"等寒暄语。同时，本着以客为尊的原则，对宾客介绍自己公司的同事和领导。在与宾客的沟通过程中，善于倾听，正视对方，适时地点头，以表示尊重。谈话紧扣主题，用词准确、热情、耐心，注意谈话的态度和语气。

以茶待客是中国传统的待客之礼，所以在招待宾客时，需要多准备几种茶叶，让宾客可以有多种选择。在沏茶时，茶水不要太浓，要以热茶待客，温度适宜，以将茶水倒入杯中 6 分满为宜；在上茶时，双手端给客人，为宾客勤斟茶，但要注意，最好不要在宾客面前续水。

中国人常说："迎人迎三步，送人送七步。"接待工作顺利完成后，后续的送客工作也很重要。送客是接待的最后一个环节，做好后续服务是为了给宾客留下美好的回忆，为以后的商务活动打下基础。这里首先要婉言相留，虽然是客套，但必不可少；其次在接待结束后，根据不同的情况，将宾客送至不同的地点，比如电梯门口、车旁、车站或机场，在宾客即将离开的时候说"谢谢""再见""欢迎下次光临""请注意行车安全""一路顺风"等。最后，目送宾客，直至看不见宾客身影再离开。

## 二、商务拜访礼仪

商务拜访是工作中常见的事情，如果懂得商务拜访礼仪，则无疑会为商务拜访增添色彩。

### （一）拜访前的准备

（1）提前预约。在拜访前必须提前预约，一般情况下，应提前 3 天给拜访者拨打电话，简单说明拜访的原因和目的，确定拜访时间，经过对方同意以后才能前往。

（2）明确目的。拜访必须明确目的，在出发前，对此次拜访要解决的问题应做到心中有数。拜访者需要准备好"对方要为你解决什么""你对对方提出什么要求""最终你要得到什么样的结果"等问题的相关资料。

（3）礼物准备。无论是初次拜访，还是再次拜访，礼物都不能少。礼物可以起到联络双方感情、缓和紧张气氛的作用。所以在礼物的选择上要花一点心思，既然要送礼，就要送到对方的心坎里，了解对方的兴趣、爱好及品位，有针对性地选择礼物。

（4）自身仪表。肮脏、邋遢、不得体的仪表，是对被拜访者的轻视，被拜访者会认为拜访者不把他放在眼里，对拜访效果有直接的负面影响。一般情况下，在登门拜访时，女士应穿深色套裙、中跟、浅口、深色皮鞋配肤色丝袜；男士最好选择深色西装，配素雅的领带，穿黑色皮鞋、深色袜子。

### （二）拜访过程礼仪

（1）较强的时间观念。拜访他人可以早到，但不可以迟到，这是拜访活动中最基本的礼仪之一。早到可以有时间整理拜访时需要用到的资料，并准点出现在约定的地点；而迟到则是失礼的表现，不但是对被拜访者的不敬，也是对工作不负责任的表现。值得注意的是，如果因故不能如期赴约，则必须提前通知对方，以便被拜访者重新安排。通知时一定要说明失约的原因，态度诚恳地请对方原谅，必要时还需要约定下次拜访的时间。

（2）先通报，后进入。到达约定地点后，如果没有直接见到被拜访者，则拜访者不得擅自闯入，必须经过通报再进入。一般情况下，前往大型企业拜访，首先要向接待人员交代自己的基本情况，待对方安排好以后，再与被拜访者见面。当然，生活中不免存在这样的情况，被拜访者身处某个宾馆，如果拜访者已经抵达宾馆，则切勿鲁莽地直奔被拜访者所在房间，而应该由宾馆前台拨打电话通知，在被拜访者同意以后再进入。

（3）举止大方，温文尔雅。如果双方是初次见面，则拜访者必须主动向对方致意，先简单地作自我介绍，然后热情大方地与被拜访者行握手礼。即使双方已经不是初次见面了，主动问好、致意也是有必要的，以显示诚意。说到握手礼，不得不强调一点，作为客方，一般不能先将手伸出去，这样有抬高自己之嫌，同样可视为对他人的不敬。

（4）开门见山，切忌啰唆。简单寒暄是必要的，但时间不宜过长，因为被拜访者可能有很多重要的工作等待处理，没有很多时间接见拜访者，这就要求谈话要开门见山，在简单寒暄后直接进入正题。在对方发表自己的意见时，打断对方讲话是不礼貌的行为，应该仔细倾听，将不清楚的问题记录下来。待对方讲完以后，再请教不清楚的问题或进行相关解释。如果双方意见有分歧，则一定不能急躁，要时刻保持沉着、冷静，避免破坏拜访气氛，影响拜访效果。

（5）把握拜访时间。在商务接待过程中，时间为第一要素，拜访时间不宜太长，否则会影响对方的其他工作安排。如果双方在拜访前已经设定了拜访时间，则必须把握好已规定的时间。如果对时间没有具体要求，首先要在最短的时间内讲清所有问题，最后起身离开，以免耽误被拜访者处理其他事务。在拜访结束时，如果谈话时间已过长，则起身告辞，向主人表示歉意。在出门后，主动与主人握手道别，说"请留步"，待主人留步后走几步，回首，挥手表示"再见"。

## 任务四　商务宴请礼仪

### 思政引领

#### 中国宴请极简史

中国最早的宴请活动，是坐在地上进行的，因为那时没有桌椅。

先秦时期，主人请客，在地上铺筵加席，分餐而食。于是出现了客人"席地而坐，凭俎案而食"的景象。

有学者认为，分餐制在中国至少存在了三千多年，从远古时期一直延续到隋唐时期。历经魏晋南北朝的胡汉文化融合，在高桌大椅等新家具出现后，唐朝发展出合餐制，并在宋朝发展至顶峰，后逐渐转变为现在常见的围桌而食。

古人请客宴饮，名目不胜枚举。小到婚丧嫁娶、生辰祝寿、年节庆贺、亲朋聚会等民间家宴，大到朝廷因各种国事举办的官宴，如由清朝皇家举办的"千叟宴"、宴请来京外藩的"外藩宴"、聚集皇子皇孙及近支王公的"宗室宴"、节日庆典的各种"大宴"等。

在古往今来的贤士眼中，宴请宾客不是为了虚荣，而是在于礼与德。

先秦时期的智者晏婴，是齐景公的宠臣，他辅佐国君把齐国治理得国富民强，然而自己的家里却非常清贫。一天，晏婴刚坐下来吃饭，齐景公派来找他商量国事的大臣就到了。晏婴听说大臣还没吃饭，就把自己的饭分一半给他吃，结果大臣没吃饱，晏婴也没吃饱。

那名大臣回去后将此事告诉了齐景公。齐景公说："这是我的过错，我竟不知晏婴家这样穷困潦倒。"说完就命人给晏婴送去粮食和金钱，可晏婴不收。

事后，晏婴向齐景公解释道："我家并不缺少东西。一个大臣拿着国君的赏赐，如果是为百姓办事，那就应该把赏赐用到该用的地方去。如果拿了这些赏赐，只是为了据为己有，那等我一死，赏赐就换新主人了。有头脑的人，谁肯干这种事情呢？"

安贫乐道是宝贵的品质，只有能忍贫，善处贫，不屈于贫，才能脱贫。

明朝的海瑞在淳安为官的时候，常穿布袍，吃粗粮和糙米，其清廉世人皆知。

有一天，海瑞上街买了些肉，立刻上了当地的"热搜"。大家正纳闷，海瑞为何也吃肉了，后来一打听才知道，那天是海瑞母亲的寿辰，所以买了些肉当生日礼物。

一时的豪奢终将成幻影，而饭桌上的礼仪与品德，将成为永恒。

请思考：你认为商务宴请礼仪是指什么？

## 一、宴请种类

宴请是人们为了表示欢迎、庆贺、答谢，以及在饯行时举行的一种餐饮活动。各国的宴请都有自己国家或民族的特点与习惯。国际上通用的宴请形式有宴会、茶会、工作餐、招待会等。采取何种宴请形式，一般根据活动的目的、邀请对象及经费等因素来决定。宴请的原因可以是多样的，如有代表团来访、庆祝某个节日及纪念日，以及乔迁、签订合同等。

### （一）宴会

宴会有国宴、正式宴会、非正式宴会之分。按举行的时间，又有早宴（早餐）、午宴、晚宴之分。其规格及菜肴的品种与质量等均有区别。一般来说，晚上举行的宴会相较白天举行的更隆重。

#### 1. 国宴

国宴是国家元首或政府首脑以国家名义举办的庆典，或因外国元首、外国政府首脑来访而举行的正式宴会，因而规格最高。宴会厅内悬挂国旗，安排乐队演奏国歌及席间乐。

**礼仪知识屋**

**国宴标准简介**

人民大会堂建成以后，我国欢迎来访国宾的正式宴会通常都在人民大会堂宴会厅举办，有时也在钓鱼台国宾馆举办。

自"开国第一宴"以来，国宴的变迁引人注目，国宴的改革与时俱进。

四菜一汤的标准一直延续至今。1984年后，明确规定国宴标准是四菜一汤，一般宴会的每位宾客的标准为30～80元。在酒水上，国宴一律不再使用烈性酒，如茅台酒、汾酒等，而是根据宾客的习惯上酒水，如啤酒、葡萄酒或其他饮料。

我国参照多数国家的做法，数年后对国宴做了改革，不再邀请外交团出席，规模几乎减小了一半。随后又经几次调整，最终缩小至现在的规模。

目前的国宴通常有7桌或8桌，若国宾随行人员少，则出席者不超过50人，宴席安排长条桌或马蹄形桌。规模的缩小来自对邀请对象的严格控制，现在的国宴通常只邀请30～50人出席，除同时邀请来访国驻华使节外，该国使馆的少数主要外交官也被邀请出席。中方除特别需要外，可请、可不请的陪客，一律不请。此次改革既符合当今世界多数国家的外交实践，又切实做到了不讲排场、节约外事财政开支。

国宴礼仪尤为重要。热情好客、彬彬有礼、不卑不亢、周到得体的国宴礼仪，会使国宾感到亲切。例如，在宾主入席时取消奏两国国歌；宾主在席间不发表正式讲话；在国宴间或国宴后安排文艺节目助兴；镶嵌国徽的菜单和曲目单由中方礼宾官事先安排，精心制作，让国宾赏心悦目。

国宴严格按对方提供的礼宾顺序名单排列席位，并事先通知出席者；按来访国习惯，安排长条桌或马蹄形桌，尤其注意安排好主桌，不一律安排圆桌就餐。精心制作座位卡，用两种言语文字书写，方便国宾入座；座位卡上的中文姓名在上，外文姓名在下；若国宾姓名过长，则中文部分只写姓氏和职务，外文部分写全名和尊称。

国宴采用分餐制。在中华人民共和国成立初期，国宴就已实行分餐制，不过，那时是在菜端上桌后，由服务员分餐，剩下来的就放在桌子中间，谁吃谁拿。后来才改由厨师先按人数把菜分盘，再端上去。

国宴用酒应视国宾的爱好和禁忌而确定。国宴主要餐具为筷子，为防不方便，还有备用的刀、叉。饮料多种多样，应国宾要求提供。

2. 正式宴会

正式宴会除不挂国旗、不奏国歌及出席规格不同外，其余安排大体与国宴相同。但有时安排乐队奏席间乐。宾主均按身份排位就座。许多国家的正式宴会十分讲究排场，在请柬上注明服饰要求。外国人对正式宴会的服饰比较讲究，往往从服饰规定体现宴会的隆重程度。正式宴会对餐具、酒水、菜肴数目、陈设，以及服务员的装束、仪态要求严格。菜肴通常包括汤和热菜（中餐一般有4道菜，西餐有2~3道菜），另有冷盘、甜食、水果。外国的正式宴会在餐前上开胃酒，常用的开胃酒有雪莉酒、白葡萄酒、马丁尼酒、啤酒等。正式宴会期间的佐餐用酒，一般用红、白葡萄酒，很少用烈性酒，尤其是白酒。餐后在休息室上一小杯烈性酒，通常为白兰地。我国在这方面的做法较简单，若有条件，则餐前会在休息室座谈，上茶和汽水、啤酒等饮料。若无休息室，则可直接入席。餐后不再回休息室座谈，也不再上饭后酒。

3. 非正式宴会

常见的非正式宴会有便宴和家宴2种形式。

（1）便宴。常见的便宴有午宴、晚宴，有时也举行早宴。便宴同样适用于正式的商务交往。便宴形式简便、操办灵活，并不注重规模和档次。一般来说，便宴只安排相关人员参加，不邀请配偶。对穿着打扮、席位排列、菜肴数目往往不做过高要求，而且不安排音乐演奏和宾主致辞。有时以自助餐形式举办，自由取餐，自由行动，更显亲切和随和。

（2）家宴。严格地讲，家宴是便宴的一种形式。它是在家里举行的宴会，相对于正式宴会，家宴最重要的是要营造亲切、友好、自然的气氛，使赴宴的宾主双方感觉轻松、自然、随意，彼此增进交流，加深了解，促进信任。

（二）茶会

茶会是一种简便的招待形式。举行的时间一般在下午4点左右（也有在上午10点举行的)。茶会通常设在客厅，不在餐厅。客厅内设茶几、座椅。不排席位，但如果是为某位贵宾举行的茶会，则在入座时，要有意识地将贵宾同主人安排到一起就座，其他人随意就座。茶会，顾名思义是请客人品茶。因此，茶叶、茶具的选择要有所讲究，或具有地方特色。一般用陶瓷器皿，不用玻璃杯，不能用热水瓶代替茶壶。外国人一般用红茶，略备点心和地方风味小吃。

### （三）工作餐

工作餐按用餐时间分为工作早餐、工作午餐、工作晚餐。工作餐的规模一般较小，通常在中午举行，是现代国际交往中经常采用的一种宴请形式（有的时候由参加者各自付费），利用进餐时间，边吃边谈。此类活动一般只请与工作有关的人员，不请配偶。工作餐重在氛围，意在以餐会友，营造有利于进一步进行接触的轻松、愉快、和睦、融洽的氛围，借进餐继续进行交往，用餐桌充当会议桌或谈判桌。但需要注意的是，在用工作餐的时候，不要像在会议室一样进行录音、录像，或安排专人进行记录。在必须进行记录的时候，应先获得对方的同意，千万不要自行其是。

工作餐是宾主双方的"洽谈餐"，所以不适合无关的人加入。如果正好遇到熟人，则可以打个招呼，或将其与同桌的人相互作简略介绍，但不要自作主张将熟人留下。若有不识相的人"赖着"不走，则可以委婉地下逐客令。比如，可以说"您很忙，我就不再占用您宝贵的时间了"或"我们明天再联系，我会主动拨打电话给您的"等。

### （四）招待会

招待会是指各种不备正餐的较为灵活的宴请形式，备有食品、酒水，通常不排席位，可以自由活动，常见的有以下 2 种。

1. 冷餐会

冷餐会（自助餐）的特点是不排席位，菜肴以冷食为主，连同餐具陈设在桌上，供宾客自取。宾客可自由活动，可多次取食。酒水可陈放在桌上，也可由招待员端送。冷餐会在室内或在院子、花园里举行，可设小桌、椅子，自由入座，也可不设座椅，站立进餐。根据宾主双方身份，招待规格和隆重程度可高可低，时间一般在中午12点至下午2点、下午5点至下午7点。这种形式常用于官方正式活动。

我国举行的大型冷餐会，往往用大圆桌，设座椅，宾主席排席位，其余不固定席位，食品与酒水均事先放置在桌上，在冷餐会开始后，自助取餐。

2. 酒会

酒会又称鸡尾酒会，形式较活泼，便于广泛接触和交谈。招待品以酒水为主，略备小吃。不设座椅，仅置小桌（或茶几），以便宾客随意走动。酒会举行的时间较灵活，中午、下午、晚上均可，请柬上往往注明整个活动持续的时间，宾客可在任何时候到席和退席，来去自由，不受约束。

鸡尾酒是用多种酒配成的混合饮料，不一定都用鸡尾酒，不用或少用烈性酒。小吃多为三明治、面包、小香肠、炸春卷等，宾客以牙签取食。酒水和小吃由招待员用托盘端送，或将部分放置在桌上。

近年的大型国际活动大多采用酒会形式举办，如庆祝节日、欢迎代表团访问。

## 二、宴请礼仪

### （一）确定宴请目的、名义、对象、范围与形式

1. 确定宴请的目的

宴请的目的是多种多样的，可以为某一个人，也可以为某一件事件，例如，为庆祝节日、纪念日，迎送外宾，展览会的开幕、闭幕，某项工程动工、竣工等。

2. 确定宴请的名义和对象

确定邀请名义和对象的主要依据是宾主双方的身份，让宾主身份对等。例如，通过国宴请来访的外国代表团，主方出席代表的职务和专业一般同代表团团长对等、对口，职务低使人感到冷淡，过高则无必要。又如，外国使馆宴请驻在国部长级以上官员，一般由大使（临时代办）出面，职务低的官员宴请对方高职务官员是不礼貌的。我国大型的正式活动只以主办单位或个人名义发出邀请。日常的小型宴请则根据具体情况以个人名义或以夫妇名义邀请。

3. 确定宴请的范围

宴请的范围是指宴请哪方面的人士、宴请哪个级别的人、宴请多少人、主方请什么人作陪。此外，要考虑多方因素，如宴请的性质、宾主的身份、国际惯例、对方既往的做法等。总之，各方面都要想到，不能只顾一面。在宴请范围与规模确定之后，即可草拟具体宴请名单。被邀请人的姓名、职务、称呼，以及对方是否有配偶都要确认。多边活动尤其要考虑政治关系，对于政治上对立的国家，是否邀请其出席同一个活动要慎重考虑。

4. 确定宴请的形式

宴请采取何种形式，在很大程度上取决于当地习惯的做法。一般来说，正式、规格高、人数少的以宴会为宜，人数多的则以冷餐会或酒会更合适，妇女界活动多采用茶会。

目前各国礼宾工作都在简化，宴请范围趋向缩小，形式更为简便。酒会、冷餐会被广泛采用，而且在中午举行的酒会往往不请配偶。不少国家招待国宾的宴会只请身份（职务）较高的陪同人员，不请随行人员。我国在进行改革，提倡以冷餐会和酒会代替宴会。

### （二）确定宴请时间、地点

宴请的时间应对宾主双方都合适。驻外机构举行较大规模的宴会，应与驻在国主管部门商定时间。注意不要选择对方的重大节假日，以及有重要活动或有禁忌的日子和时间。例如，对信奉基督教的人士不要选每月十三日，更不要选逢十三日的星期五；伊斯兰教在斋月的白天禁食，宴请宜在日落后。小型宴请应首先征询宾主意见，最好当面约请，或用电话联系。在宾主同意后，时间即被确定，可以按此时间宴请其他宾客。

宴请地点要根据活动的性质、规模、宴请形式、主方意愿及实际能力而定。正式、隆重的官方活动，一般应安排在政府、议会大厦或宾馆内举行，民间活动则可以在酒店或宾馆举行。举行小型的正式宴会，应在条件允许的情况下在宴会厅外另设休息厅（又称等候厅），供宴会前简短交谈用，待宾主到达后一起入席。

### （三）发出邀请

宴请活动一般均发请柬，这既礼貌，也能对宾客起提醒、备忘之用；便宴经约妥后，可发也可不发请柬；工作餐一般不发请柬。有些国家邀请别国领导人参加活动，需要单独发邀请信，而给其他宾客只发请柬。

请柬一般提前1~2周发出（有的地方需要提前1个月），以便被邀请人及早安排。已经口头约定的活动，仍应补送请柬，在请柬右上方或下方注上"备忘"字样。对于需要安排座位的宴请活动，为确切掌握出席情况，往往要求被邀请者答复能否出席。请柬上一般注明"请答复"字样。若只需不出席者答复，则可注明"若不能出席请答复"字样，并注明联系方式。或在请柬发出后，用电话询问能否出席。

请柬内容包括活动形式、举行时间及地点、主方姓名（如以单位名义邀请，则用单位名）。请柬行文不用标点符号，提到的人名、单位名、节日名都用全称。中文请柬的行文中不提被邀请人姓名（其姓名写在请柬信封上），主方姓名放在落款处。中、外文请柬的格式与行文差异较大，注意不能生硬地对照翻译。请柬可以印刷，也可以手写，但手写的字迹要美观、清晰。

请柬信封上的被邀请人姓名、职务要准确。国际上习惯给夫妇二人发一张请柬，国内遇此情况则要将请柬每人发一张。正式宴会，最好能在发请柬之前排好席位，并在信封下脚注上席位号。

请柬发出后，应及时落实出席情况，准确记录，以安排并调整席位。即使是不安排席位的活动，也应对出席率有所估计。

### （四）拟定菜单

拟定菜单要根据宴请的目的、形式、规格、时间和季节等，本着节俭和使宾客满意的原则，在一定的标准内安排。选菜不以主人的爱好为准，要考虑宾主的喜好与禁忌。例如，伊斯兰教徒用清真席，不饮酒，甚至不饮任何带酒精的饮料；印度教徒不吃牛肉；佛教僧侣和教徒吃素；也有身体原因导致不能吃某种食品的。如果宴会上有个别人有特殊需要，则可以单独为其上菜。大型宴请，应照顾各个方面。菜肴数目和分量都要适宜，不要简单地认为海味是名贵菜而泛用，其实不少外国人并不喜欢，特别是海参。因此，在拟定菜单时要注意合理搭配，包括荤素搭配、色彩组合、营养构成、时令菜与传统菜肴的搭配。在地方上，宜用有地方特色的食品招待，用本地产的名酒。无论哪一种宴请，事先均应开列菜单，并征求主要负责人的同意。在获准后，如果是宴会，则可印制菜单，1桌提供2~3份菜单，至少提供1份，讲究的可给每人提供1份。

### （五）宴请桌次和席位的安排

宴会的桌次安排最为讲究。中餐宴会习惯使用圆桌，桌次的安排可根据宴会厅的形状来确定。无论多少桌，其排列原则大致相同，即主桌排定后，其余桌次的尊卑以离主桌的远近决定，离主桌近的桌次为尊，离主桌远的桌次为卑，平行桌以右为尊，以左为卑。如果桌数较多，则应摆设桌次牌。

礼宾次序是排席位的主要依据。在排席位之前，要把经落实出席的宾主双方名单分别按礼宾次序列出来。除了礼宾次序，在具体安排席位时，还需要考虑其他因素。多边活动需要注意宾客之间的政治关系，若政见分歧大，两国关系紧张者，则尽量避免安排到一起。此外，适当照顾各种实际情况。例如，身份大体相同、使用同一种语言者，或属同一个专业者，可以安排在一起。翻译员一般安排在主宾右侧。在以长桌作为主宾席时，翻译员可以安排在对面，便于交谈。但一些国家忌讳以背向人，翻译员的座位则不能作此安排。若此时以长桌作为主宾席，则主宾席背向人的一边和下面第一排背向主宾席的座位均不安排人。在许多国家，翻译员不上席。为便于交谈，翻译员坐在主方和主宾背后。若遇特殊情况，则可灵活处理。若遇主宾身份高于第一主方代表，为表示尊重，则可以把主宾安排在主位上，第一主方代表则坐在主宾的位置上，第二主方代表坐在主宾的左侧，但也可按常规安排。

席位的安排与桌次的安排原理基本相同，即右尊左卑、先右后左。按国际惯例，席位安排应男女穿插，以女主人为准，主宾在女主人右侧，主宾夫人在男主人右侧。我国习惯按职务高低安排席位，以便于交谈。如果有夫人及女士出席，则通常把她们安排在一起，主宾坐在男主人右侧，主宾夫人坐在女主人右侧。2桌以上的宴会，其他各桌的第一主方代表的位置可以与主桌主人位置同向，也可以以面对主桌的位置为主位。

此外，在安排宾客席位时，还应考虑宾客之间是否相识，有无共同语言。如果事先已了解到一些人想通过宴会彼此相识，就可以将他们安排在一起就座。最好在宴会开始前，主人就为大家作一番介绍，以便相互了解，促使宴会气氛更融洽。

在席位安排妥后着手写座位卡。我国举行的宴会，要求座位卡上的中文姓名在上面，外文姓名在下面。在用钢笔或毛笔书写时，字应尽量写得大一些，以便辨认。便宴、家宴可以不放座位卡，但主人要对宾客的席位有大致安排。

### （六）宴会现场的布置

宴会现场（宴会厅和休息厅）的布置取决于活动的性质和形式。官方正式活动场所的布置，应该严肃、庄重、大方，不宜用霓虹灯作装饰，可用少量鲜花（以短茎为佳）、盆景等作点缀。若配有乐队演奏席间乐，则乐队不要离得太近，且乐声宜轻，同时最好能安排几曲主宾的家乡乐曲或其喜欢的乐曲。

宴会可以用圆桌，也可以用长桌或方桌。一桌以上的宴会，桌子之间的距离要适当，席位之间的距离要相等。休息厅通常放小茶几或小圆桌，与酒会布置类似，若人数少，则可按客厅布置。

冷餐会的菜台用长方桌，通常靠四周陈设，也可根据宴会厅情况，摆在宴会厅的中间。若坐下用餐，则可摆容纳4～5人一桌的方桌或圆桌。座位要略多于宾客总人数，以便宾客自由就座。

酒会一般摆小圆桌或茶几，以便放花瓶、烟灰缸、干果、小吃等，可在四周放椅子，供妇女和年老体弱者就座。

### （七）餐具的准备

根据宴请人数和酒、菜的数目，准备足够的酒具、餐具，并洗净、消毒、擦亮，按中、西餐的要求摆放整齐。

### （八）迎接宾客

不论什么形式的宴会，主人一般都要到门口迎接宾客。若是官方的正式活动，则可以由少数主要官员陪同主人夫妇排列成行来迎宾，通常称为迎宾线。在宾客握手后，由工作人员引宾客进休息厅。若无休息厅，则直接进入宴会厅，但不入座。有些国家隆重的官方场合，在宾客（包括本国客人）到达时，有专责人员唱名。

休息厅内有相应身份的人员照料宾客，由服务人员送饮品。主宾到达后，由主人陪同进入休息厅与其他宾客见面。若其他宾客尚未到齐，则由迎宾线上的其他官员代表主人在门口迎接。

主人陪同主宾进入宴会厅，全体宾客就座，宴会即开始。若休息厅较小，但宴会规模较大，则可以请贵宾席以外的宾客先入座，贵宾席宾客最后入座。

### （九）宴会致辞

西方国家习惯将致辞安排在热菜之后、甜食之前，但我国的做法是在一人席安排致辞，后用餐。冷餐会、酒会上的致辞可灵活安排。

在吃完水果后，主人与主宾起立，宴会即告结束。

国外的日常宴请在以女主人为第一主人时，往往以她的行动为准。在入席时女主人先坐下，并由女主人招呼宾客开始就餐。餐毕，女主人起立，先邀请全体女宾与她共同退出宴会厅，然后男宾起立，尾随进入休息厅。男女宾客在休息厅聚齐，即上茶（咖啡）。

在宴会结束后，主宾告辞，主人送至门口。待主宾离去后，原迎宾人员按顺序排列，与其他宾客握别。

便宴则较随便，没有迎宾线。宾客到达，主人主动趋前握手。若主人正与其他宾客交谈，若未发觉宾客到来，则宾客应前去握手问好。饭后若无余兴，则可陆续告辞。通常男宾先与男主人告别，女宾先与女主人告别，然后交叉告别，再与其他家庭成员告别。

## 三、赴宴礼仪

### 1. 应邀的礼仪

被邀请者在接到邀请后应及时、礼貌地给予答复，可拨打电话或回复便函。如果不能应邀，则应及时婉言告知缘由。如果应邀，则须注意以下事项：核对时间、地点，以及邀请范围，是否携带家属、子女；对服装有何要求；明确活动目的，是否需要带鲜花和礼品表示祝贺或慰问等。

### 2. 赴宴的礼仪

在赴宴前，要稍作梳洗打扮，衣衫整洁、容光焕发地赴宴，这不仅是对主人的尊重，也是对自己的尊重。最忌穿着工作服，带着倦容赴宴，这会使主人感到未受尊重。按时出席宴会是礼貌的表示。按请柬上注明的时间准时赴宴，既不迟到，也不提前15分钟以上早到。有的人赴宴以迟到为荣，其实是很不尊重他人的行为。

在到达宴会地点后，应先主动前往主人迎宾处，向主人问好。然后，根据主人的安排，找到自己的座位，不可随意坐。在入座时，应让年长者、地位高者和女士优先，之后自己用右手拉椅子，从椅子左侧入座。同时，应与同桌点头致意。

一旦接受主人的邀请，就必须如期赴宴。除了疾病和非处理不可的事情，别的都不能成为失约的理由。若遇特殊情况不能赴宴，则应及时、有礼貌地向主人解释或道歉。而且，绝不能在同一天拒绝一个邀请，但赶赴另一个邀请。

## 四、中餐礼仪

中国是礼仪之邦，对饮食文化非常重视，在漫长的生活实践中，从桌次和席位的排列、餐具的使用到上菜的顺序、餐桌礼仪，已经形成了具有自己民族特色的礼仪。中餐的餐桌大多是圆桌，桌次和席位有主次之分。中餐的饭菜不同于西方一样一人一份，而是将一道菜盛在一个盘子或者容器内供大家一起吃，使在一起聚餐的人自然产生和气、融洽的气氛。作为中国的商务人士，了解中餐礼仪，不但有助于开展国内的商务活动，而且对开展涉外商务活动很有好处。

宴会一般都要事先安排好桌次和席位，便于参加宴会的人各就其位。在中餐礼仪中，桌次和座次相当重要，它象征着宾客的身份地位和主人给予对方的礼遇，受到宾主双方的高度重视。

### （一）中餐桌次与席位排序

#### 1. 桌次排序规则

中餐的商务宴请往往使用圆桌布置菜肴、酒水。若采用多张圆桌，则会出现桌次排序问题。

（1）由2张桌子组成的小型宴请，可分为2种排列形式：一是2张桌子横排，以面对宴会厅的正门为准，桌次以右为尊、左为卑，这叫"面门定位"，如图3-2所示。二是2张桌子竖排，该桌次讲究以远为尊，以近为卑。这里的远近，是距离正门的远近，如图3-3所示。

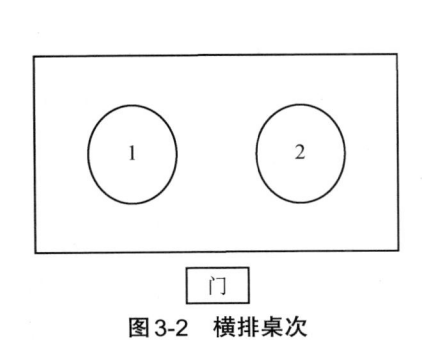

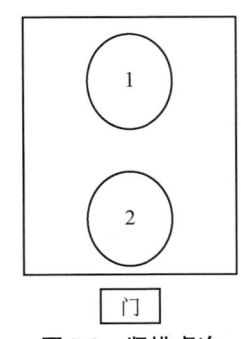

图3-2　横排桌次　　　　　　　　　　图3-3　竖排桌次

（2）由3张或3张以上桌子组成的宴请，在安排桌次时，以距离主桌近的桌次为尊，以距离主桌远的桌次为卑，这称"主桌定位"，5桌次、7桌次分别如图3-4和图3-5所示。

#### 2. 席位排序规则

目前，我国通常采用圆桌设宴。在一般情况下，主桌规模要略大于其他桌，圆桌的席位在不同的场合有所不同。

（1）每桌有1个主位的排列方法。每桌只有1个主人，主宾在其右侧就座，形成1个谈话中心，如图3-6所示。

（2）每桌有2个主位的排列方法。每桌有2个主人，主、副主人相对，客观上形成2个谈话中心，如图3-7所示。如主人夫妇就座于同一桌，以男主人为第一主人，以女主人为第

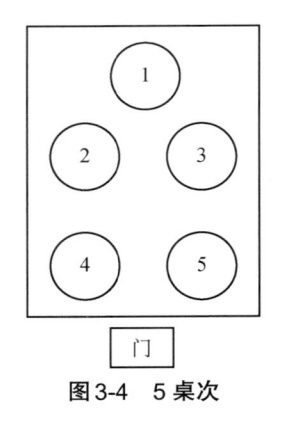

图3-4  5桌次 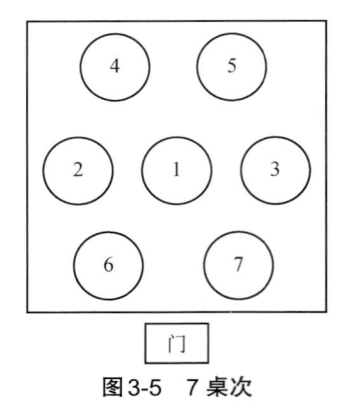　　　　　　　　　　　图3-5  7桌次

二主人，主宾和主宾夫人分别坐在男、女主人右侧，形成2个谈话中心。

假设遇到主宾身份高于主人的情况，为表示尊重，则可安排主宾在主人席位上就座，而主人则坐在主宾席位上，第二主人坐在主宾左侧。

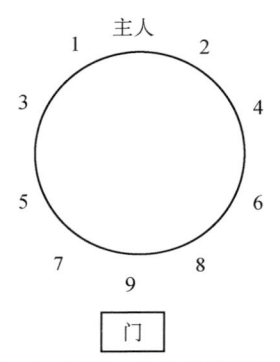

图3-6  每桌1个主位的排列方法 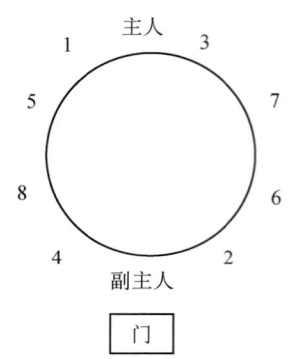　　　　图3-7  每桌2个主位的排列方法

### 礼仪故事屋

#### 八仙桌的传说

中国古代餐桌的雅称为八仙桌，刚好可以坐下八人。

相传吕洞宾、铁拐李等八仙云游到画圣吴道子家中，吴道子正在家中作画，得知八位神仙来家中做客，赶紧邀请他们进屋谈论起来。眼看天色已晚，吴道子邀请八仙留下来吃饭，突然发现家中没有一张能让八仙全部坐下的桌子，于是挥毫泼墨，画出一张四四方方的桌子，赶紧命下人照画制作。这张桌子正好能坐八人，于是八仙高高兴兴地吃起饭来。吕洞宾问吴道子："吴先生，这桌子倒是好用，叫什么名字？"吴道子想了想，说道："这是我为你们制作的桌子，就叫它八仙桌吧！"

八仙桌的来源仅是一个传说。明清时期盛行八仙桌，无论是达官显贵，还是平常百姓，几乎家家都可以寻到八仙桌的影子，八仙桌甚至成为很多家庭唯一的大型家具。

## 五、中餐餐具使用礼仪

中餐餐具，即吃中餐使用的工具。中餐餐具可分为主餐具与辅餐具两类。主餐具是指在进餐时使用的必不可少的餐具，通常包括筷子、勺、碗、盘等。

### （一）主餐具的使用礼仪

#### 1. 筷子的使用

在使用筷子取菜时，需要注意下列问题。

（1）不论筷子上是否残留食物，都不要舔。

（2）当暂时不用筷子时，可将它放在筷子架上或放在自己所用的碗、碟边缘，不能插放在食物之上。

（3）不要把筷子当叉子叉取食物。

（4）在与人交谈时，应暂时放下筷子。

（5）切不可用筷子敲击碗、盘等，或者停在半空中。

（6）不要以筷子代劳他事，如剔牙、挠痒、梳头，或夹取食物之外的东西。

#### 2. 勺的使用

在使用勺时，要注意下列问题。

（1）用勺取用食物后，应立即食用，不要再次倒回原处。

（2）若取用的食物过烫，则不可用勺来回搅拌，也不可用嘴对着吹来吹去，可以先放到自己的碗里，等凉了再吃。

（3）在食用勺里盛放的食物时，尽量不要把勺塞入口中，或反复吮吸。

（4）在一般情况下，尽量不要单用勺取食物。

（5）在用勺取食物时，不宜过满，免得溢出来弄脏餐桌或自己的衣服。在必要时，可在取食物后，在原处暂停片刻，待汤汁不再滴流后享用。

#### 3. 碗的使用

碗在中餐里主要用于盛放主食、羹汤。在正式场合用餐时，需要注意的事项如下。

（1）不要将碗端起进食，尤其不要双手端起碗进食。

（2）在食用碗内盛放的食物时，应以筷、勺加以辅助，切勿直接下手取用或不用餐具以嘴吸食。

（3）碗内若有食物剩余，则不可将其直接倒入口中，也不可用舌头舔。

（4）暂且不用的碗内不宜乱扔东西。

（5）不能把碗倒扣过来放在餐桌上。

#### 4. 盘的使用

盘在中餐中主要用于盛放食物，其在使用方面的讲究与碗大致相同。盘在餐桌上一般保持原位，不被挪动，而且不宜多个盘叠放。在使用盘时要注意如下两点。

（1）取用的食物不要过多，不要将多种食物堆放在一起，看起来既烦乱，又有欲壑难填之嫌。

（2）不宜将入口的残渣、骨、刺吐在地上、桌上，而应将其轻轻取放在食碟前，必要时由侍者取走、换新。要注意的是，不要让食物残渣与食物交错，相互混淆。

## （二）辅餐具的使用礼仪

辅餐具是指进餐时可有可无的餐具，其在用餐时发挥辅助作用。最常见的中餐辅餐具有水杯、湿巾、水盂、牙签等，在使用时要注意以下四个方面。

（1）水杯。在中餐中所用的水杯，主要供盛放汽水、果汁等软饮料。在使用水杯时，不要以之盛酒，不要倒扣水杯，喝入口中的东西不能吐回水杯中。

（2）湿巾。如果是比较讲究的中餐，则会为每位用餐者上一块湿巾。湿巾只能用来擦手，绝对不可用来擦脸、擦嘴、擦汗。在擦手之后，应将其放回盘中，由侍者取回。

（3）水盂。有时品尝中餐需要手持食物进食，此刻会在餐桌上摆一个水盂，水上漂有玫瑰花瓣或柠檬片。这里面的水不能喝，只能用来洗手。在洗手时，动作幅度不要太大，不要乱抖、乱甩，应先蘸湿指头，轻轻涮洗，然后用纸巾或专用毛巾擦干。

（4）牙签。牙签主要用于剔牙。在用餐时，尽量不要当众剔牙。在非剔不行时，应以另一只手掩住口部，切勿大张嘴巴。剔出来的东西，切勿当众观赏、再次入口或随手乱弹、随口乱吐。在剔牙之后，不要长时间叼着牙签。在取用食物时，不要以牙签扎取。

### 礼仪故事屋

#### 李亨割羊肉趣事

古人认为，一个人对待饮食的态度，能够反映出他的品德和修养。因此在中国古代，人们往往通过饮食的细节来观察一个人。甚至有的皇帝，还会以此作为标准考查皇位继承人是否合格。

《次柳氏旧闻》中记载着这样一个有趣的故事，李亨小的时候陪着父亲唐玄宗（李隆基）一起进餐。餐桌上摆满了各种佳肴，其中有一盘羊腿，唐玄宗就让李亨去割羊肉。李亨割完羊肉后，见手上都是油污，便顺手拿起一张饼擦手。唐玄宗很是生气，从这个小细节断定他是一个铺张浪费之人，不适合治国安邦。唐玄宗刚要发怒，却发现李亨擦完手，把饼送到嘴边，有滋有味地把饼吃掉了。这时唐玄宗转怒为喜，对李亨说："人就应该这样……"于是认定他懂得节约，是一个比较好的皇位继承人。

当唐玄宗看到李亨以饼擦手时，以为李亨是在糟蹋粮食；当看到李亨从容地将擦过手的饼吃掉时，转怒为喜，认为李亨和自己一样爱惜粮食。

## 六、中餐礼节

根据中餐的特点和习惯，参加中餐宴会要注意以下六个礼节。

（1）在上菜后，不要先拿筷子，应等主人先邀请，在主宾动筷后再拿筷子。在取菜时要相互礼让，依次进行，不要争抢。取菜要适量，不要把对口的菜都倒入自己盘中。

（2）先请宾客入座，再请长者坐宾客旁，之后其他人依次入座。入座时，要从椅子的左侧进入，入座后不要动筷子，不要发出响声，也不要起身走动。如果有什么事，则必须起身，向主人打招呼。

（3）在用餐时不要发出声音，也不要让勺和筷子因碰到碗而发出声响。在咳嗽或打喷嚏时，应在脸移开后用手或手绢捂着嘴，以免失礼。

（4）如果要给宾客布菜，最好用公筷，或把菜送到他们的面前。按中国人的习惯，菜是一道道端来的。如果同桌有宾客，则每上来一道新菜，就应请宾客先动筷，或者轮流请宾客先动筷，以表示对宾客的重视。

（5）在吃到鱼头、鱼刺、骨头等时，不要直接往外面吐，要避开旁人，悄悄地包在纸中。

（6）如果各自取菜，则每道热菜都应先放在主宾前，由主宾开始按顺时针方向依次取菜。切不可迫不及待地越位取菜。

### 礼仪知识屋

## 中华传统礼仪——饮食礼

**一、饭菜不可放回**

《礼记·曲礼》提到"毋放饭""毋反鱼肉"，就是说在用餐时，不能把剩下的饭菜、咬过的鱼肉等放回公盘、公碗里。让别人吃自己咬过或剩下的饭菜，既不卫生，也是对别人的不尊重，是不符合礼仪的。此外，在取菜时，要从面对自己的公盘侧取菜，放入自己的盘内慢慢地吃。在取菜或盛饭时量要少一点，尽量不要剩。如果有剩余，要留在自己的盘内。吃过的骨头、鱼刺、菜渣等不能直接吐在餐桌上，要放在自己的盘内；如果想咳嗽、打喷嚏或吐痰，一定要转身掩口，并在用餐巾纸擦干净后说"对不起"或"抱歉"。

**二、含着饭菜不说话**

《论语·乡党》说："食不语，寝不言。"就是说吃饭的时候不要言语，睡觉的时候不要说话。现代人把吃饭作为人际交往、情感交流的重要手段，所以在吃饭时不说话可能不太现实，但一定要注意基本礼仪，如口中含着饭菜时不要说话，要等自己及对方口中食物咽下后再说话，以防把饭菜喷到桌上，甚至溅到别人的脸上。这种行为既不卫生，也不雅观，是严重违背礼仪的。另外，在餐厅吃饭时，不要高声喧哗，避免影响别人；在呼唤服务员、催饭菜时，要温声细语，避免语言粗暴、大声喊叫。

**三、不要争抢食物**

《童蒙须知》说："凡饮食之物，勿争较多少美恶。"特别是在与兄弟姐妹相处时，不要为饮食多少或美恶发生争抢的行为，这是很失礼的事情。《朱子家训》上说，为人兄或为人姐，对待弟弟或妹妹要宽厚、谦让；为人弟或为人妹，对待哥哥或姐姐要恭敬、礼让。兄弟姐妹之间的悌爱、礼让之心，就是从饮食这种小事情开始培养的。如果这种小事情都不能做好，甚至发生争执、抢夺、大打出手等行为，则在财产分配或涉及名分、荣誉之事时，还能和睦相处吗？如果对自己的兄弟姐妹都不能礼让，以后能对同学、朋友、同事及社会民众礼让吗？这就是古人所说的"贪心不可纵，首严在饮食"的深刻道理。亦如《论语》所说："君子务本，本立而道生。孝弟也者，其为仁之本与！"

**四、不要狼吞虎咽**

《礼记·曲礼》说："毋嚃炙。"就是说对于大块的烤肉和烤肉串，不要一口吃下去，狼吞虎咽的样子不文雅。无论是吃肉，还是吃菜，都不要狼吞虎咽，更不要上一口还没有咽下，下一口又放入口中，要缓缓地举筷子，慢慢地夹菜，闭嘴，细嚼慢咽，不发出大的声音，动作要舒缓、文雅。

中国传统饮食礼涉及广泛，以上提到的这些礼仪是每个人在用餐时都应该遵守的基本礼仪。

## 七、西餐礼仪

### （一）席位排列

西餐正式宴会一般均安排席位，可以只安排部分宾客的席位，其他人只安排桌次或让其自由入座。国际上的习惯是以主人为基准，右尊左卑。在桌数较多时，要摆桌次牌，而且常使用长条桌。同一张桌上，席位尊卑以离主人的座位远近而定。外国习惯将男女交叉安排席位，以女主人为主位，主宾坐在女主人右侧，主宾夫人坐在男主人右侧。

### （二）餐具的使用

#### 1. 刀、叉、勺的使用

常见的西餐餐具有刀、叉、勺。西餐餐具最基本的使用方法就是按"从外到里"的顺序使用，一般先用最外侧的刀、叉、勺，逐次到最内侧。在使用时，右手拿刀，左手拿叉，叉齿朝下。如果感到左手拿叉不方便，可换用右手。注意避免刀、叉在盘上发出响声。在交谈时，不一定把刀、叉放下，但在做手势时不可拿刀、叉在空中比画。每道菜吃完，叉齿朝上，刀口朝内，将刀、叉并拢平排放于盘内，以示吃完，如图3-8所示；若未吃完，则摆成八字或交叉摆，刀口向内。

图3-8 西餐刀、叉的摆放

西餐中带齿的刀是用来吃扒类食物的，要用右手拿刀，左手拿叉；吃牛排的时候应该从左往右吃，一般吃一块、割一块；半圆形的小刀是吃面包时用来抹黄油或酱汁的，应先把面包撕成小块再涂抹奶油，将一口的量放入口中咀嚼。

西餐中大的勺是用来喝汤或吃面的，小的勺有咖啡勺或餐后甜点勺，如图3-9所示。

图3-9 西餐勺的用法

西餐的叉是用来吃沙拉、面或牛排的。在吃沙拉时要用叉，叉不能碰到牙齿。在吃面时要用叉把面卷起来，不要卷很多，卷起来以后用勺托在叉的下面，防止面汁掉在桌面上，如图3-10所示。在使用刀、叉时，刀、叉基本呈90°角。

图3-10 西餐面的吃法

2. 餐巾的使用

西餐要用到餐巾。餐巾也叫口布，它有两个用途：一是铺在大腿上，避免食物掉落，弄脏衣服；二是用来擦嘴或手。餐巾分为午餐巾和晚餐巾，午餐巾可以完全展开铺在膝上，晚餐巾只展开到对折的程度，褶线朝向自己，铺在大腿上，开口朝外，方便拿起来擦嘴。

餐巾应在点菜后、菜送来之前这段时间打开。如果主人或长辈在座，要待他们有所行动后才能取下餐巾。在正规的晚宴中，要先等女士放好餐巾，男士再放餐巾。餐巾展开后应平铺在大腿上，不能围在脖子上或腰间。已经启用的餐巾应该一直放在大腿上，等散席时才拿回桌子上，并放到餐位左侧。若用餐中途需要离席一会儿，则可将餐巾简单折一下，放在椅子上。

餐巾的基本作用是保洁，但不能擦拭眼镜、抹汗、擦鼻涕，咳嗽、打喷嚏一般不用餐巾，而要用手帕或面纸。女士在用餐前要将口红用面纸擦掉，不可留在杯子或餐具上，更不可印在餐巾上。

## 八、西餐的上菜顺序

西餐的上菜顺序基本可以概括为：开胃菜→汤→副菜（鱼类）→主菜（肉类）→蔬菜沙拉→甜品或水果→咖啡或茶。

第一道：开胃菜。开胃菜通常是精美小巧的食品，如鸭肝酱、鱼子酱或海鲜，旨在唤醒食欲。常见的开胃菜有鱼子酱、熏鳜鱼、鹅肝酱、奶油酱，口味主要偏咸、酸，可提升食欲。

第二道：汤。汤应该是精选的、通透的，不会让人太饱，但会让人惊喜。汤的种类非常多，大概可以分为四种，即清汤、蔬菜汤、奶油汤、冷汤。比较出名的类型是意式奶油汤、意式蔬菜汤和俄式罗宋汤，这些汤在西餐厅是非常受欢迎的。

第三道：副菜（鱼类）。副菜主要是用鱼作为原材料制作而成的，包括各种淡水鱼、海水鱼、软体动物和贝壳类，可以是烤鱼、蒸鱼或者煮鱼，其口味应该是清淡的，为主菜作铺垫。

第四道：主菜（肉类）。主菜是西餐的重头戏，一般选用红肉，即牛肉、羊肉或猪肉等，也有适合素食者的主菜。

第五道：蔬菜沙拉。在吃下主菜后应加入一些蔬菜沙拉，营养丰富又好看。其常和主菜同时上到桌子上，一般包括生菜、西红柿、黄瓜、芦笋。主要的调味汁包括奶酪、油醋汁和番茄汁。

第六道：甜点或水果。传统的甜点包括布丁、冰激淋、奶酪。

第七道：咖啡或茶。

## 九、西餐进食方法

1. 吃面包和黄油

把面包掰成小块，在抹黄油后食用。小的三明治和烤面包用手拿着吃，大的在吃前应先切开。

2. 吃肉、龙虾、鱼

西餐中的肉（指的是羊排、牛排、猪排等）一般都是大块的。吃的时候，用刀、叉把肉切成小块，大小以一口为宜，吃一块，切一块，不要一下子全切了，也不要用叉把整块肉叉到嘴边，应该先咬下一块咀嚼，然后吞咽。

按自己的喜好决定牛排的生熟程度（预订时，服务员通常会问生熟程度），但猪排及鸡肉均为全熟。

在吃有骨头的肉的时候，不要直接动手，要叉把整块肉固定（叉齿朝上，用叉背压住肉），刀沿骨头插入，把肉切开，边切边吃。如果骨头很小，则可以用叉把它放进嘴里，在嘴里把肉和骨头分开后，用餐巾遮住嘴，把骨头吐到盘里。

在食用龙虾时，应左手持叉压住龙虾头部，右手持刀插进尾端并压住龙虾壳，在用叉将龙虾肉拖出后切食。龙虾脚可用手指撕去，在剥开虾壳后食用。

在吃鱼时不要把鱼翻身，吃完上层后用刀、叉剔掉鱼骨吃下层。在吃蚝时应用左手捏着壳，右手拿叉取出蚝肉，蘸调味料后食用。小虾和螃蟹的混合物可以单独蘸调味料，用叉取食。

3. 吃沙拉

西餐中，沙拉往往作为主菜的配菜，蔬菜沙拉是最常见的且可作为间隔菜，在主菜和甜点之间上，也可作为第一道菜。如果沙拉是一大盘端上来的，就用沙拉叉来吃；如果和主菜放在一起，则用主菜叉来吃。如果沙拉是间隔菜，通常要和奶酪、炸玉米片等一起食用。先取1~2片面包放在沙拉盘上，再取2~3片玉米片。奶酪和沙拉要叉吃，而玉米片用手拿着吃。如果沙拉配有沙拉酱，则可以先把沙拉酱浇在一部分沙拉上，吃完这部分后再加，直至加到碗底的生菜叶部分。沙拉习惯的吃法：将大片的生菜叶用叉分成小块，如果不好分，则可以刀叉并用。一次只分出一块，吃完再分。

4. 喝汤

在喝汤时不要啜，而要闭嘴咀嚼，不要舔嘴唇或咂嘴发出声音。即使汤再热，也不要用嘴吹。要用勺从里向外舀，汤盘里的汤快喝完时，可以用左手将汤盘的外侧稍稍翘起，用勺舀净。吃完后，将勺留在汤盘里，勺把指向自己。

5. 吃意大利面

在吃意大利面时，要用叉慢慢地卷起面，每次以卷4~5根为宜，可以将勺和叉配合，勺可以帮助叉控制面。注意，不能直接用嘴吸食。

6. 吃水果及甜点

许多国家会把水果作为甜点或随甜点一起送上。通常将许多水果混合在一起，做成水果沙拉，或做成水果拼盘。

吃水果的关键是去掉果核。不能拿着整个水果咬。在有刀、叉的情况下，应小心地使用，先用刀切成四瓣再去皮和核，用叉取食。要注意别把汁溅出来。在没有刀或叉时，可以用两根手指把果核从嘴里轻轻拿出，放在果盘的边上。把果核直接从嘴里吐出来，是非常失礼的。粒状水果（如葡萄），可用手抓来吃。若需吐籽儿，则应吐于掌中，放在碟里。汁儿多的水果（如西瓜、柚子等），应用勺取食。在西餐中吃完水果时，常上洗手钵供洗手。洗手钵只用来洗手指，勿将整只手伸进去。

蛋糕及派、饼等甜点，用叉取食，较硬的用刀切割后用叉取食。冰激凌、布丁等甜点用勺取食。小块的硬饼干用手取食。

7. 喝咖啡

咖啡奉上时一般杯耳在左、勺柄在右，用勺盛方糖，轻轻放入咖啡中，注意不要让咖啡溅出来。搅融方糖后，把勺放置在杯碟的边缘，用右手食指和拇指端起来，先闻其香味再品尝其美味。此外，在喝咖啡时还要注意：杯数要少，一杯足矣，三杯为限；入口的量要少，小口品尝；自加配料，且加配料时须用专用勺；站立时用左手端杯碟。

拿咖啡杯：在餐后饮用的咖啡，一般都用袖珍型的杯子盛，这种杯子的杯耳较小，手指无法穿出去。但即使用较大的杯子，也不要把手指穿过杯耳端杯子。咖啡杯的正式拿法应是先用拇指和食指捏住杯把儿再将杯子端起。

给咖啡加糖：在给咖啡加糖时，可用勺舀取，直接加入杯子内；也可先用糖夹子把方糖夹在咖啡碟的近身一侧，再用勺把方糖加在杯子内。如果直接用糖夹子或用手把方糖放入杯子内，则有时可能会使咖啡溅出，从而弄脏衣服或台布。

用咖啡勺：咖啡勺是专门用来搅拌咖啡的，在饮用咖啡时应当把它取出来。不要用咖啡勺舀着咖啡一勺一勺地慢慢喝，也不要用咖啡勺捣碎杯子中的方糖。

等咖啡变凉：当咖啡太热时，可先用咖啡勺在杯子中轻轻搅拌使之冷却，或者先等待其自然冷却，再饮用。试图用嘴把咖啡吹凉是很不文雅的动作。

杯碟的使用：盛放咖啡的杯碟都是特制的，应当放在饮用者的正面或者右侧，杯耳应指向右方。在饮用咖啡时，可以用右手拿着咖啡杯的杯耳，左手轻轻托着杯碟，慢慢地移向嘴边。不宜满把握杯、大口吞咽，也不宜俯首至咖啡杯。在喝咖啡时，不要发出声响。添加咖啡时，不要把咖啡杯从杯碟中拿出来。

喝咖啡与吃点心：在吃点心时，不要一只手端着咖啡杯，另一只手拿着点心，吃一口、喝一口地交替进行。喝咖啡时应当放下点心，吃点心时应放下咖啡杯。

### 礼仪知识屋

## 牛排的生熟度

全生牛排：指完全未经烹煮的生牛肉，例如，鞑靼牛肉、基特福（Kitfo，埃塞俄比亚菜肴）或生牛肉沙拉。

近生牛排：牛排两面都在高温铁板上各加热三十至六十秒，目的是锁住牛排的湿润度，使内、外产生口感差，外层便于挂汁，内层保持原始肉味，视觉效果不像生肉那么难接受。

一分熟牛排：牛排内部为血红色且保持一定温度，同时有生熟部分。

三分熟牛排：大部分牛肉接受热量并渗透中心，但未产生大的变化。切开后，上、下两侧的熟肉为棕色，颜色依次向中心转为粉色、鲜肉色，伴随刀切入有血渗出（只有新鲜牛肉和较厚的牛排才会呈现这种层次感，冷冻牛肉和薄肉排很难达到这种效果）。

五分熟牛排：牛排内部为粉红色且夹杂着熟肉的浅灰色和棕褐色，整个牛排温度均衡。

七分熟牛排：牛排内部主要为浅灰色、棕褐色，夹杂着少量粉红色，质感偏厚重，有咀嚼感。

全熟牛排：牛排通体为熟肉的棕褐色，牛肉整体已熟，口感厚重。

牛排的熟度是由牛排的中心温度决定的，中心温度越低，牛排红色部分（不熟）的比例就越大。随着牛排越来越熟，牛排的肉质会越来越硬，汁水越来越少。三分、五分和七分熟是口感比较好的熟度。

烹饪的温度与时间决定了牛排的熟度，温度高、时间长会降低牛排的嫩度，造成汁水的流失，而在合适的温度与时间内，融化的脂肪可以给牛排增加嫩度、汁水和风味。

# 任务五  礼品馈赠礼仪

> **思政引领**

## 江南无所有　聊赠一枝春

相互馈赠礼物是人类社会生活中不可缺少的交往内容。南朝时期,有这样一对好朋友。一个叫陆凯,在江南。一个叫范晔,在西北。二人多年没见面,平日里只能靠书信来往。

又是一年春天,江南草长,群莺飞舞。陆凯想着出门散散心,走了一段路,到了一个驿站,见桥边有一棵梅花开得正艳,便走过去观赏。忽然,身后传来一阵马蹄声,一个相熟的信使靠近,勒马相问:"陆大人,可有信要送?"

陆凯折了一枝梅花,递给信使,说:"我的好友范晔在西北陇头,你替我把这枝梅花送给他吧。"

信使把梅花斜插在包袱里,策马而去。陆凯踱步过小桥,听见花木深处,不知是谁在唱歌:"小村姑儿光着脚,下水去割灯芯草。一把草儿刚系好,躺在溪边睡着了……"

循着歌声走去,陆凯寻见一家酒馆。只见风吹着酒旗,老板娘倚在酒馆门口,脸颊上浮动着细碎花影。老板娘抬头看见他,莞尔一笑,问:"要喝一杯吗?"

陆凯走进酒馆,坐在窗边,要了一坛陈年竹叶青。三碗入肠,酒意微醺,问老板娘:"你这儿可有笔墨纸砚?"

老板娘点头,给他送来笔墨纸砚。陆凯提笔写下《赠范晔》:"折花逢驿使,寄与陇头人。江南无所有,聊赠一枝春。"

后来梅花送到范晔的手中,花已凋尽,只剩下光秃秃的梅枝。范晔将这枝枯梅插在书案上的瓷瓶里,深夜苦读时,忽掩面垂泪,不能自已。

**讨论:** 读完这个故事你有什么感想?

馈赠礼品,是人际交往中一种常见的礼节。它是为了表达敬意、友好、祝贺等心意而赠送礼品的一种形式。馈赠适当的礼品,可以表达情意,加深理解,增进友谊。

## 一、馈赠原则

馈赠是指组织与组织之间、组织与个人之间、个人与个人之间为了达到交流感情、沟通信息的目的而互赠礼品的活动。馈赠是友好的表示,礼品是友好的象征。因此要尽可能本着"君子之交淡如水"和"礼轻情义重"的原则,根据自己的经济承受能力选择适宜的礼品。

## 二、馈赠礼品的选择

在社交活动中经常会涉及馈赠问题。馈赠需要在礼品选择、赠送及收受时遵守一定的礼仪规范。在馈赠之前,要对礼品进行认真选择,首先要考虑对方有什么爱好、兴趣和禁忌;

其次要考虑馈赠的原因和目的，尽量使礼品恰如其分；再次礼品不可太贵重，过于贵重的礼品易有行贿之嫌，使对方产生不安，觉得背负"人情债"，这就事与愿违了；最后只有符合有关规定的馈赠，才能有利于情意的表达，为受礼方所接受，使馈赠恰到好处。

### （一）选择礼品

选择礼品应重点考虑馈赠的目的、与对方的关系、对方的兴趣爱好、风俗中的禁忌和礼品的价值等因素。

#### 1. 明确馈赠目的

馈赠礼品一般都有明确的目的，如以交际为目的，以酬谢为目的，以公关为目的，以沟通感情、巩固和维系人际关系为目的，等等。公务性活动馈赠大多是为了交际和公关，这种性质的馈赠，往往是针对交往中的关键人物和部门馈赠礼品。私人馈赠，主要是为了沟通感情、建立友谊、巩固和维系人际关系。

#### 2. 重视彼此关系

选择礼品应考虑彼此之间的关系。馈赠对象不同，礼品就不一样。对于单位和个人、内宾与外宾、同性与异性、长辈与晚辈、老朋友与新朋友，礼品的选择要求都是不一样的，送给单位的，以纪念性物品为宜；送给外宾的，要突出特色；送给老人的，以实用为佳；送给小孩的，则以益智为好。公务活动中馈赠的礼品应注重纪念性和精神价值，避免庸俗。

#### 3. 关注兴趣爱好

选择礼品要考虑对方的兴趣爱好，要投其所好。提前了解馈赠的对象，根据对方的身份、性格、爱好和地方风俗等选择相宜的礼品。如果不看对象，盲目馈赠，则即便是珍贵的礼品，也可能引不起对方的兴趣。

#### 4. 尊重习俗禁忌

选择礼品应考虑习俗、礼俗和个人禁忌。由于个人原因，以及风俗习惯、宗教信仰、文化背景、职业道德等形成的公共禁忌都不能忽视。比如，在我国，公务活动禁馈赠现金、有价证券、奢侈品、易于引起异性误会的物品、涉及国家机密和商业秘密的物品。要顾及一些民族、地区禁忌，据此考虑礼品数量、颜色、名称等。如广东人忌"4"，因为与"死"谐音；颜色忌黑色、白色，黑色代表不吉利，白色代表悲伤；物品忌送钟，因为与"送终"谐音，尤其不能把钟送给上了年纪的人；友人之间忌讳送伞，因为"伞"与"散"谐音。意大利人忌讳送手帕，因为手帕是亲人离别时擦眼泪之物。向妇女馈赠内衣，这在欧美国家是很失礼的。"13"这个数在一些欧美国家应当避开。另外，茉莉花和梅花不要送给香港商人，因为"茉莉"与"没利"谐音，"梅"与"霉"同音。中国大部分地方都不会送"小棺材"，但香港地区青睐用红木制作的小型棺材摆件，寓意为"升官发财"。

#### 5. 价值不宜过贵重

礼品应以轻巧为宜，不宜过贵重。送礼不在价值轻重，而在诚意。价值过重的礼品，在公务活动中违反有关规定，在私人交往中造成经济压力，会增加对方的思想负担。馈赠礼品重在表达送礼者的诚意。

## （二）针对不同受礼对象介绍有关礼品的选择

（1）结婚礼品。注意，要先等收到请柬或通知后再携礼登门祝贺。礼品以家庭用品、床上用品、餐饮具或字画等工艺品为好，可先事先征求对方意见再选购。如果用金钱代替礼品，可在封套上写明"贺仪"等字以示庄重。

（2）生子礼品。可送婴儿用品，如衣服、鞋帽、玩具、食品、生肖纪念章等，也可送产妇滋补品等。

（3）生日礼品。父母、长辈做寿，可送寿联、寿糕、营养品、衣服等；夫妻生日可送鲜花、化妆品、饰物、领带等；朋友生日可送贺卡、工艺品、学习用品、鲜花、影集等。

（4）节日礼品。例如，春节送礼盒、端午节送粽子、中秋节送月饼、情人节送玫瑰花等。

（5）病丧礼品。探望生病的亲友，可送适宜病人食用的食品，如滋补品、饮料、水果等，也可送鲜花，但在送水果时要根据病情选购。丧礼可送花圈、挽联或帛金（即金钱）。

（6）远行礼品。升学、远行时，可选择书籍、学习用品、生活用品等礼品。

（7）迁居礼品。乔迁之喜以对联、字画、镜屏、家庭装饰品为礼最佳，可在征求对方的意见后选择合适的礼品。

受赠方在接收礼品后一般不应立即打开欣赏（这与欧美国家不同），也不应随手放。虽说要"礼尚往来"，但回赠的时间要把握好，可以选在下次登门回访时或喜庆日子。不能在受礼时立即回礼，不能伤害对方的自尊心。

### 三、馈赠礼品的时机与场合

馈赠礼品应注意宴会举行的时间和地点，按照惯例，礼品要求在宴会举行之前送到主人家才表示恭敬，在临宴时送礼就有点失敬了，尤其是婚礼、大寿等较为隆重的宴会。另外，除了不知道宴会时间，否则事后补礼是忌讳的。归纳起来，下面几种情形需要考虑馈赠礼品。

#### （一）喜庆嫁娶

乔迁新居、过生日、做大寿、生小孩、嫁女娶亲等喜庆日子，应备礼相赠，以示庆贺。亲友去世或遭不幸，要适当送礼以帮助其解决困难，表示安慰吊唁。

#### （二）欢庆节日

我国的传统节日有春节、端午节、中秋节、重阳节等，西方化的节日有圣诞节、母亲节等，都可作为馈赠礼品的时机。

#### （三）探望病人

去医院或别人家中探望病人应带礼品。

#### （四）酬谢他人

当自己在生活中遇到困难或挫折，亲朋好友伸出过援助之手时，事后应考虑送点礼品以表酬谢。

### （五）亲友远行

为了祝愿亲友一路顺风，安心远行去外地求学、工作，可送上一份礼品以表心意，或以作纪念。

### （六）拜访、做客

当拜访或做客时，往往要带上一份礼品登门，一方面要对打扰对方表示歉意或对对方的款待表示感谢，另一方面要向对方表示自己的问候。

## 四、接受馈赠

接受馈赠如果不讲礼节，就会伤害赠送者的感情，影响自身形象。接受馈赠应注意以下问题。

### （一）慎重受赠

在公务活动中接收礼品应遵守有关规定。按照规定，国家公务员不得收受可能影响公正执行公务的礼品，因任何原因未能拒收的礼品，必须登记并上交。

### （二）接收有礼

对于那些不违反规定的馈赠，应表现得从容大方。在接收礼品时，要双手相接，与赠送者握手致谢。接收后的礼品不要随手扔。对于应当接收的礼品，一般不推来推去、忸怩作态，甚至说"你拿回去吧"之类的话。

### （三）拒收有方

在公务活动中应学会拒收礼品。对于有可能影响公正执行公务的礼品，要坚决地拒收。拒收礼品应当场进行，尽量不要事后拒收。在拒收时，要感谢对方的一番好意，同时说明不能接收的理由。如果当时无法当面拒收，则可以设法事后退还，但要说明理由，并致以谢意。

## 五、赠花

花是春天的使者，是美和友谊的象征。人们爱花，赞美花。古往今来，有许多关于花的佳话和逸事流传。

朋友之间以花作为礼品相赠，表达愿望和友情，赋予花一定的意义，这就是"花语"。

### （一）献花

献花一般在比较隆重、庄严的场合下进行，适合规格较高的礼仪场合。

（1）当外国领导人、团体首领及在国际上有威望的学者来访时，或者我国领导人出访归来时，一般要在机场、车站按规定的欢迎仪式献花。所献的花必须是鲜花，且是象征友谊、团结的花，忌用黄色的花。向外宾献花习惯用花束，并且要保持整洁、鲜艳。有的国家习惯向贵宾献上由名贵鲜花结成的花环，贵宾要把它戴在脖子上；还有的国家习惯送给外宾1～

2枝名贵的切花。

（2）运动员在大型的国际比赛中获得前三名时，通常由官员或知名人士在颁奖典礼献上一束鲜花，观众可向取得优异成绩的运动员投掷鲜花，表达敬意和祝贺。

（3）在一些大型的文艺演出之后，为了表达对演员精彩表演的感谢和祝贺，可向演员献上鲜花或花篮。

（4）在一些重大的庆功会、表彰会上，为了表达对功臣、劳模、英雄人物的敬意，通常由国家领导人在礼仪小姐的引导下向模范人物献花。

### （二）花篮

在结婚典礼、寿庆或企事业单位的庆典活动中，为了表示祝贺，相关单位或亲朋好友常送花篮。花篮常由代表美好、希望、友谊、祝愿的鲜花制成。花篮的两边常系上用彩纸写成的条幅，也称礼笺。花篮一般在庆典仪式开始前送达。

### （三）花束

花束多在探望朋友、送别亲友、恋人约会、结婚纪念、看望病人时赠送。花束可选用寓意不同的切花组合而成，并加上包装纸和丝带。具体送什么花束，要根据不同的场合和要表达的不同意义来决定。

### （四）襟花

襟花通常是男性送给自己女朋友的小礼物。在某些喜庆场合，男性可以在上衣的左胸前佩戴襟花。襟花应与所穿衣服的颜色协调。

### （五）盆花

品种名贵的盆花可以作为礼品送给友人。

### 礼仪知识屋

#### 花　语

花语是指用花来表达人的某种感情与愿望，例如，最具代表性的玫瑰与许愿花，其花语都是在一定的历史条件下逐渐约定俗成的，为一定范围内的人群所认可。

赏花要懂花语，花语构成花卉文化的核心。在鲜花交流中，花语虽无声，但"此时无声胜有声"，其中的含义和情感表达胜于言语。不能未了解花语就送别人鲜花，否则会引起别人的误会。花语最早起源于古希腊，大众对于花语的接受是在十九世纪，得益于彼时的社会风气，人们表达感情比较含蓄，认为在大庭广众下表达爱意是一件很难为情的事情，所以鲜花就成了爱情的信使。随着时代的发展，鲜花成为社交的一种赠予品，花语代表赠送者的意图。

作为客观世界中的一种事物，鲜花本不存在花语，花语的产生是人为的。

生活在大千世界的人们，站在不同的角度就会产生不同的感受，进而对鲜花有所寄情，全方位汇合、交融，就构成了鲜花的基本花语。

玫瑰花是众所周知的爱情花，其花语是"我爱你"。传说玫瑰花是美神阿芙洛狄忒钟爱的人间美少年阿都尼斯的鲜血所化的，因此玫瑰花有爱与美的含义。选择一束玫瑰花送给恋人，是"我爱你"这一种真挚情感的表达。

红色康乃馨用来祝愿母亲健康长寿，表达不朽的母爱；黄色康乃馨一般在节日送，表达对母亲的感激之情；粉色康乃馨一般在母亲生日时送，祝愿母亲永远美貌如花；白色康乃馨除了用于上面三种场景，还代表对已故母亲的哀悼和思念。除此之外，康乃馨可以送给老师，代表感激师恩。

向日葵的花语是沉默的爱，代表活力、生机，它每时每刻追随着太阳，给人以无限的温暖，而且一直默默守护在太阳身边，不打扰却甘愿送出自己的祝福。因此，把向日葵送给身边的同学和朋友，代表的不仅仅是一份心意，更是一份祝福。

白色的百合花象征纯洁与神圣，其花语为纯洁、高贵，经常被用作新娘的手捧花，作为婚礼上的祝福，因此可以将百合花送给恋人，来表达彼此之间爱情的纯洁，希望能与对方共同迈进婚礼的殿堂。

千姿百态的鲜花诉说着千言万语，由于风俗不同，送花也有忌讳，不可生搬硬套。每一种花都有其含义，蕴藏着无声的语言，因此在送花时应根据对方的情况选择。

### 六、馈赠礼品应注意的细节

认真挑选了礼品，还应注意选择正确的馈赠方式和时机等。如果处理不当，就会影响馈赠效果。

（1）选择馈赠方式。馈赠礼品的方式大致有三种：一是当面馈赠，这是最庄重的一种方式。二是邮寄馈赠，这是异地馈赠的方式。三是委托馈赠，赠送人在外地，或者不宜当面馈赠，就可以选择委托馈赠。馈赠外宾礼品，一般通过双方礼宾人员转交。

（2）把握馈赠时机。馈赠礼品应讲究时机，时机适当，送得自然，收得妥帖。公务活动中的出访、到访，以及外出考察、参观，这些都是最佳时机。

（3）确定馈赠礼品的地点。馈赠地点需要认真斟酌，选错地点会影响馈赠效果。在公务活动中，馈赠礼品的地点应当选在工作地点或交往地点。

（4）掌握馈赠礼节。礼品一般要精心包装，外国人尤其重视礼品的包装，精美的包装意味着对受赠者的尊重。在面交礼品时，要适当对寓意加以说明，动作要落落大方，并伴有礼节性的语言表达。国内喜欢说谦辞，如"小小礼品，不成敬意"等，给外宾送礼则不必这样说。

## 项 目 小 结

本项目主要介绍了人们在正式社交场合的礼仪，阐述了在职场联络、会面交往、商务宴请、礼品馈赠等社会交往活动中应遵循的社交礼仪。本项目可以帮助人们增强自信心，增进文明交往。

# 学习效果综合测试

【复习思考】

1. 称呼的常见类型有哪些？
2. 谈一谈赴宴应注意哪些礼仪。
3. 常见的宴请形式有哪些？
4. 中餐用餐时所上的洗手钵有何用途？
5. 吃西餐自助餐应注意哪些礼仪？
6. 西餐的餐具应当如何使用？
7. 参加聚会应注意哪些礼仪？
8. 在选择礼品时应注意哪些事项？
9. 茶会有哪些礼仪？

【技能练习】

1. 在一名顾客对公司的产品不满意，在为退货而来电时，请你模拟一下，该如何接听电话并处理好这个问题。
2. 假设要给你的好朋友送一份礼品，请按馈赠礼仪的要求进行情景模拟。
3. 假设要去医院看望病人，请以小组为单位，进行角色定位，根据馈赠礼仪进行模拟。

【案例分析】

国内某家专门接待外国游客的旅行社，准备在接待来华的意大利游客时送每人一件小礼品。该旅行社便订购了一批纯丝手帕，手帕是杭州某名厂制作的，每块手帕上绣着花草图案，手帕装在特制的纸盒内，纸盒上有旅行社社徽，十分美观、大方。该旅行社认为中国丝织品闻名于世，一定会被游客喜欢。于是，旅游接待人员带着盒装的纯丝手帕，到机场迎接来自意大利游客。在车上，他们给每位游客赠送一盒包装甚好的手帕作为礼品。没想到车上一片哗然，议论纷纷，游客显露出很不高兴的样子。其中有一位夫人大声叫喊，表现得极为气愤。旅游接待人员心慌了：好心好意送人家礼品，不但得不到感谢，还出现这般景象。中国人总以为礼多人不怪，这些外国游客为什么"怪"起来了？

**分析提示：** 在意大利等西方国家有这样的习俗，亲朋好友在告别时会送手帕，取意为"擦掉惜别的眼泪"。在本案例中，意大利游客兴冲冲地踏上盼望已久的中国大地，准备开始愉快旅行，就收到手帕让"擦掉离别的眼泪"，人家当然不高兴，难免议论纷纷。那位大声叫喊而又气愤的夫人，是因为她得到的手帕上面绣着菊花图案。菊花在中国是高雅的花卉，但在意大利则是祭奠亡灵的，人家怎能不气愤呢？本案例告诉我们：在国际交往场合，要了解并尊重外国的风俗习惯，这样做既能对他们表示尊重，又不失礼节。

## 学 习 笔 记

学习重点与难点：

已解决的问题与解决方法：

待（未）解决的问题：

学习体会与收获：

## 讨 论 区

1. 根据职场联络礼仪分析接听电话需要注意什么？
2. 就餐应注意哪些礼仪？

## 测 试 区

一、单选题

1. 接听电话时，拿起听筒的最佳时机是在铃声响起（　　　）声之内。
A. 1　　　　　　　　B. 2　　　　　　　　C. 3　　　　　　　　D. 4

2. 一般来说，初次拜访多长时间合适？（　　）
A. 10 分钟　　　　　B. 20 分钟　　　　　C. 30 分钟　　　　　D. 1 个小时
3. 在介绍两人相识时，一般应（　　）。
A. 先卑后尊　　　　B. 先尊后卑　　　　C. 先男后女　　　　D. 先女后男
4. 西餐进行时，可将刀、叉放成（　　）。
A. 八字形　　　　　B. 二字形　　　　　C. 十字形　　　　　D. 任意形
5. 用餐完毕时，刀、叉的摆放方法应该是（　　）。
A. 以八字形放在盘上　　　　　　　　B. 并排放在盘上
C. 以八字形放在桌上　　　　　　　　D. 交叉放在桌上
6. 关于握手的礼仪中，描述不正确的有（　　）。
A. 先伸手者为地位低者
B. 客人到来时，主人应该先伸手；在客人离开时，客人应该先握手
C. 下级与上级握手，上级应该在下级伸手之后伸手
D. 男士与女士握手，男士应该在女士伸手之后伸手

二、判断题（正确的在括号中写"T"，错误的在括号中写"F"）

1. 握手有伸手先后的顺序，晚辈与长辈握手，晚辈应先伸手。　　　　（　　）
2. 馈赠礼品要考虑馈赠对象、馈赠目的、馈赠时机、馈赠场合、馈赠方式等要素。
　　　　　　　　　　　　　　　　　　　　　　　　　　　　　　　（　　）
3. 一般情形下，递接名片一定要用双手。　　　　　　　　　　　　（　　）
4. 接收名片后应回赠名片，若不能回赠，则应表示歉意并说明原因。（　　）
5. 如果主宾身份高于主人，则为表示尊重，主宾可以安排在主位上坐，而请主人坐在主宾的位子上。　　　　　　　　　　　　　　　　　　　　　　　　（　　）

三、多选题

1. 电话形象要素包括（　　）。
A. 通话内容　　　B. 通话时机　　　C. 通话时的举止、形态
2. 中餐礼仪中对于席位排列，下列说法中正确的是（　　）。
A. 右尊左卑　　　B. 中座为尊　　　C. 面门为尊　　　D. 观景为佳

测试答案

# 项目四 场所礼仪：守礼行礼得尊重

## 项目导读

本项目主要介绍场所礼仪，关注不同场所的言谈举止和人际互动方式。学习场所礼仪可以帮助人们更好地理解和应对不同社交场合的要求，以便在各种场合中表现得更得体，提升个人形象和与人交往的能力。

## 学习目标

**知识目标**：了解位次礼仪的基本概念、意义。
　　　　　　掌握办公场所礼仪。
　　　　　　掌握商务会议礼仪。
**技能目标**：能够在不同社交场合中展现合适的言谈举止。
　　　　　　能够对位次礼仪进行应用。
　　　　　　能够和同事友好相处。
　　　　　　能够进行会议安排。
**素养目标**：树立传承中华优秀传统文化的意识。
　　　　　　提升社交技能和人际交往能力。
　　　　　　能够尊重他人的观点、习惯。

## 本项目数字资源

项目四　综合资源（微课+课件）

# 任务一　位次礼仪

### 思政引领

#### 商务交往中的位次礼仪

经过长期洽谈之后，A购物中心终于同美国的一家跨国公司谈妥了一笔大生意。双方在达成合约之后，决定正式为此举办一场签字仪式。因为当时双方的洽谈在国内的 A 购物中心举行，故此签字仪式由 A 购物中心负责。在签字仪式正式举办的那一天，令 A 购物中心始料未及的是，对方差一点要在正式签字之前"临场变卦"。原来 A 购物中心的工作人员在签字桌上摆放中、美双方的名签时，误用中国的传统做法"以左为上"代替了目前通行的国际惯例"以右为上"，将中方名签摆到了签字桌的右侧，而将美方名签摆到签字桌的左侧。结果对方恼火不已，他们甚至因此拒绝进入签字厅。虽然这场风波经过调解平息了，但它给了人们一个教训：在商务交往中，位次礼仪不可不知。

**请思考**：日常生活中有哪些需要注意位次礼仪的场景？

位次排列，也称座次排列。它具体涉及的是位次的尊卑（高低）问题，这个问题实际上在日常生活和工作中无处不在。"坐""请坐""请上座"，是中国人待客的基本用语。

## 一、行进中的位次礼仪

行进中的位次礼仪，指的是人们在步行时的座位排列礼仪。在陪同、接待来宾或领导时，行进的位次礼仪引人关注。

在一般情况下的行进中，并行时要求中央位次高于两侧，内侧位次高于外侧，一般让客人走在中央或内侧；单行行进时，前方位次高于后方，若没有特殊情况的话，则应让客人走在前面。特殊情况下的行进位次有以下四种。

1. 引导

走在客人左前方二至三步处，侧向客人走，用左手示意方向，要配合客人的行走速度，保持职业性的微笑和认真倾听的姿态。若客人带有物品，则礼貌地为其提拿，途中注意引导和提醒，在拐弯或有楼梯、台阶的地方应使用手势，并提醒客人"这边请"或"注意楼梯""有台阶，请走好"等。

2. 上下楼梯

一般而言，上下楼梯要单行行进；没有特殊情况，要靠右侧单行行进。引导客人上楼梯时，客人走前面，陪同者紧跟其后；下楼梯时，陪同者走前面，并将身体侧向客人。楼梯中间的位置是上位，若有栏杆，就应该让客人扶着栏杆走。若是螺旋梯，则应该让客人走内侧。上下楼梯时，要多次提醒客人"请小心"。

3. 出入电梯

在客人之前进入电梯，一只手按住"开"按钮，另一只手示意客人进入电梯；进入电梯后，按下客人要去的楼层按钮，侧身面对客人，可作寒暄；在到目的地时，按住"开"按钮，请客人先出电梯。

4. 出入房门

若无特殊原因，则位高者先出入房门；若有特殊情况，如室内无灯，或光线较暗，则陪同者先进入并开灯，然后请客户或领导进入；在出门时，客人先出，陪同者后出。

## 二、会议中的位次礼仪

会议按规模划分，有大型会议、小型会议和茶话会之分，其位次排列有如下规则。

### （一）大型会议

大型会议，一般是指与会者众多、规模较大的会议。它的最大特点是在会场上分设主席台与群众席，前者必须认真排位次，后者的位次则可排、可不排。

#### 1. 主席台位次

大型会议的主席台，一般应面向会场主入口。在主席台上就座之人，通常与在群众席上就座之人呈面对面之势。在每一名与会者面前的桌上，均应放置双面的桌签。主席台位次具体可分为主席团位次、主持人位次、发言者位次等。

（1）主席团位次。主席团，在此是指在主席台上正式就座的全体人员。国内排定主席团位次的基本规则有三个：一是前排尊于后排；二是中央尊于两侧；三是在人数为单数时，居中为尊，先左后右，左侧尊于右侧（1号领导居中，2号领导在1号领导左手位置，3号领导在1号领导右手位置，如图4-1所示）。在人数为双数时，右为尊，左为卑，按先右后左、一右一左的顺序排列（1、2号领导同时居中，2号领导在1号领导左手位置，3号领导在1号领导右手位置，如图4-2所示）。注：图4-1、图4-2仅用数字表示位次。

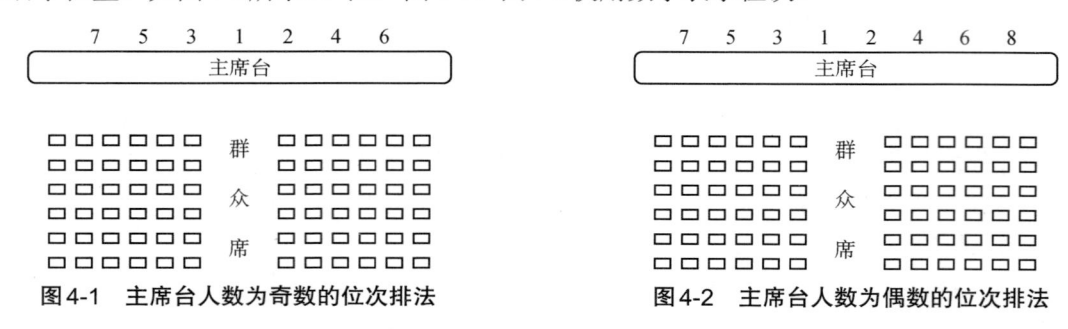

图4-1 主席台人数为奇数的位次排法　　　　图4-2 主席台人数为偶数的位次排法

（2）主持人位次。主持人，又称大会主席。其具体位次有三种可供选择：一是居于前排正中央；二是居于前排的两侧；三是按其具体身份排位次。

（3）发言者位次。发言者位次，又叫发言席。在正式会议上，发言者在发言时不宜在原座处发言。发言席的常规位置有两种：一是主席团的正前方；二是主席台的右前方。

#### 2. 群众席位次

在大型会议中，主席台下的座席均被称为群众席。群众席的具体位次如下。

（1）自由式择座。不进行统一安排，由大家自行择座。

（2）按单位就座。与会者在群众席上按单位就座，既可以按与会单位、部门的汉字笔画、汉语拼音顺序，也可以按平时约定的顺序。在按单位就座时，若分为前排、后排，则一般以前排为尊、后排为卑；若分为不同楼层，则楼层越高，位次越卑。

在同一楼层排座时，有两种普遍方式：一是以面对的主席台为基准，自前往后进行横排；二是以面对的主席台为基准，自左往右进行竖排。

## （二）小型会议

小型会议，一般指与会者较少、规模不大的会议。它的主要特征是全体与会者均排位次，不设立专用的主席台。

小型会议的位次主要有以下三种形式。

### 1. 面门设座

面门设座一般以面对会议室正门之座为会议主席之座，其他的与会者可在其两侧自左往右地依次就座。

### 2. 依背景设座

会议主席的位置不面对会议室正门，而是背靠会议室内的主要背景，如字画、讲台等。其他与会者的位次，则略同于前者。

### 3. 自由择座

不固定具体位次，而由全体与会者自由择座。

## （三）茶话会

茶话会的位次排列方式主要有以下四种。

### 1. 环绕式

不设立主席台，把座椅、沙发、茶几摆放在会场的四周，不明确位次的尊卑，与会者在入场后自由择座。这种安排位次的方式，与茶话会的主题最相符，也最流行。

### 2. 散座式

散座式常见于在室外举行的茶话会中。座椅、沙发、茶几摆放在四处，可自由地组合，甚至可由与会者根据个人要求而随意安置，这样就容易营造出一种宽松、惬意的社交环境。

### 3. 圆桌式

圆桌式指的是在会场上摆放圆桌，与会者自由择座。圆桌式位次排列分为下面两种形式：一是适合人数较少的情况，仅在中央安置一张大型的圆桌，全体与会者在圆桌前就座；二是安放数张圆桌，与会者自由就座。

### 4. 主席式

主席式是指主持人、主人或主宾被有意识地安排在一起就座。

# 三、宴会中的位次礼仪

正式宴会中的位次礼仪最为讲究。

### 1. 桌次的安排

主桌的确定：面门居中为尊、以右为尊、以远为尊。按习惯，桌次的尊卑以离主桌的远近而定；以主人的桌为基准，右尊左卑、近尊远卑；桌子之间的距离要适中，各个座位之间的距离要相等。

2. 中餐的位次礼仪

面门居中为主人，位次以主人的座位为中心，当男、女主人一同参加时，以男、女主人为基准，近尊远卑、右尊左卑，依次排列。男主人右侧是主宾，因此把主宾安排在男主人的右手位置，主宾夫人安排在女主人的右手位置。主左、宾右分两侧而坐，翻译员安排在主宾右侧。

3. 西餐的位次礼仪

西餐的位次礼仪与中餐的有相当大的区别，中餐多用圆桌，而西餐一般用长桌。如果男女二人同去西餐厅，男士应请女士坐在自己的右侧，还得注意不可让她坐在人来人往的过道侧。若只有一个靠墙的位置，则应请女士就座，男士坐在她的对面。如果是两对夫妻就餐，夫人们应坐在靠墙的位置，先生们坐在各自夫人的对面。如果两位男士陪同一位女士进餐，则女士应坐在两位男士的中间。如果两位同性进餐，那么靠墙的位置应让给其中的年长者。西餐有一个规矩，即每个人入座或离座，均应从座椅的左侧进出。在举行正式宴会时，位次排列按国际惯例，即桌次的尊卑根据距离主桌的远近而定，而且右尊左卑，在桌数多时应摆上桌次牌。同一张桌的位次的尊卑根据距离主人座位的远近而定。西方习惯将男女交叉安排，即使夫妻也如此。

## 四、乘车中的位次礼仪

乘车时，一般让客人先上车，后下车。当然，如果很多人坐在一辆车上，那么谁最方便下车谁就先下车。下面介绍乘车中的位次礼仪。

### （一）不同情况的乘车位次

（1）乘坐吉普车时，驾驶员身旁的副驾驶座为上座，其次为后排右座、后排左座。

（2）乘坐四排座或四排座以上的中型或大型轿车时，通常以距离前门的远近来确定位次，离前门近的位次为尊；而各排座位又讲究"右尊左卑"等位次礼仪。

（3）乘坐双排座或三排座轿车时，因驾驶员的身份不同，位次的具体排列分为下述两种情况。

① 由主人亲自驾驶轿车。这种情况下，双排五座轿车的副驾驶座为上座，其次为后排右座和后排左座、后排中座。三排七座轿车的副驾驶座为上座，其次为中排右座、中排中座、中排左座、后排右座、后排中座、后排左座。当主人亲自驾驶时，若一个人乘车，则必须坐在副驾驶座上；若多人乘车，则必须推举一个人在副驾驶座上就座，不然就是对主人的失敬。

② 由专职司机驾驶轿车。在这种情况下，双排五座轿车的后排右座为上座，其次为后排左座、后排中座、副驾驶座。三排七座轿车的后排右座为上座，其次为后排左座、后排中座、中排右座、中排左座、副驾驶座。

根据常识，轿车的前排，特别是副驾驶座，是最不安全的座位，因此在社交场合，该座位不宜请女性或儿童就座。在公务活动中，副驾驶座，特别是双排五座轿车的副驾驶座被称为"随员座"，即专供秘书、翻译员、警卫、陪同人员等随从人员就座。

## （二）不同用途的乘车位次

### 1. 公务用车

用公务用车接待客人是一种公务活动，参与公务活动的车辆归属单位，驾驶员一般是专职司机。公务接待时，双排座轿车的上座指的是后排右座，也就是司机对角线位置，因为后排比前排安全，且右侧比左侧上下车方便。公务接待时，副驾驶座一般是随员座。

### 2. 社交用车

社交用车一般归属个人，开车的人是车主，上座是副驾驶座，表示平起平坐。

### 3. 接待重要客人

接待重要客人，如高级领导、高级将领、重要企业家，上座是司机后面的座位，因为该座位的隐秘性比较好，而且是安全系数较高的座位。

## 五、谈判中的位次礼仪

在进行正式谈判时，有关各方在谈判现场的具体位次的要求是非常严格的。从总体上讲，正式谈判的位次，可分为两种基本情况。

### （一）双边谈判

双边谈判，指的是由双方人员举行的谈判。在一般性的谈判中，双边谈判最为多见，其位次排列一般分为两种形式。

#### 1. 横桌式

横桌式是指谈判桌在谈判室内横放，客方人员面门而坐，主方人员背门而坐。除双方主谈者居中就座外，各方人员应依其具体身份的高低，按先右后左、自高而低的顺序分别在己方一侧就座。双方主谈者的右侧之位，在国内谈判中可坐副手，而在涉外谈判中则应由翻译员就座。

#### 2. 竖桌式

竖桌式是指谈判桌在谈判室内竖放，具体位次以进门的方向为基准，右侧由客方人员就座，左侧则由主方人员就座。在其他方面，则与横桌式相仿。

### （二）多边谈判

多边谈判，是指由三方或三方以上人员举行的谈判。多边谈判的位次排列可分为两种形式。

#### 1. 自由式

自由式是指各方人员在谈判时自由择座，而无须事先正式安排位次。

#### 2. 主席式

主席式是指在谈判室内，面向正门设置一个主席位，由各方代表在发言时使用。其他各方人员，则一律背对正门、面对主席位就座。各方代表在发言后下台就座。

## 六、签字仪式中的位次礼仪

签字仪式，通常是指各方在正式签署合同、协议时举行的仪式。签字仪式不仅代表谈判成果的公开化、固定化，而且是各方对自己履行合同、协议所作出的一种正式承诺。签字仪式可分为双边签字仪式和多边签字仪式。

一般而言，举行签字仪式的位次排列共有三种基本形式，它们分别适用于不同的情况。

### 1. 并列式

并列式是在双方签字仪式中最常见的形式。它的基本做法：签字桌在室内面门横放。双方出席签字仪式的全体人员在签字桌后并排排列，双方签字人员居中面门而坐，客方居右，主方居左。

### 2. 相对式

相对式与并列式的基本相同，只是相对式将双方参加签字仪式的随员席移至签字人员的对面。

### 3. 主席式

主席式主要适用于多方签字仪式。其特点：签字桌仍在室内横放，签字席设在签字桌后，面对正门，但只设一个签字席，并且不固定位次。在举行签字仪式时，各方人员，包括签字人员在内，皆应背对正门、面向签字席就座。在签字时，各方签字人员应以规定的先后顺序依次走上签字席就座并签字，之后退回原位就座。

### 礼仪知识屋

#### "左""右"位次有讲究

"夫坐东面西，妻坐西面东"，这是《礼仪·士昏礼》中对于夫妻之间位次的记载，中国自古以来便是东方文明古国，对尊卑长幼的礼仪相当严谨，尤其室内位次大有讲究。

我国古代不同的房屋结构对位次的影响是不一样的。普通老百姓的家是坐南朝北的，左右两边各一间房屋；达官显贵的家则是前堂后室的结构，但同样也是坐南朝北的。一般在堂屋接待客人及议事，因为以南为尊。室东西长而南北窄，因此最尊贵的是坐西面东的座位，其次是坐北向南的座位，再次是坐南面北的座位，最后是坐东面西的座位。

皇帝召见群臣，他的座位一定是坐北朝南的。因此，古人常把称王称帝叫作"南面"，称臣叫作"北面"。

实际上，对"左""右"两个方位的尊卑认定，历代不尽相同。战国时，车骑位次以左为尊，空着左侧的位置以待宾客称"虚左"，如"公子从车骑，虚左，自迎夷门侯生。"（《史记·魏公子列传》）现有成语"虚左以待"。

古人以左为"尊"体现在鸿门宴上，"项王、项伯东向坐，亚父南向坐……沛公北向坐，张良西向侍。"（《史记·项羽本纪》）项王的位次最尊，张良的位次最卑。虽然古代以左为尊比较常见，但不同时期的说法不一样。单纯说古人尊左或尊右，都是不全面的，要根据不同的时期而定。

夏商周时期，朝官尊左，宴饮、凶事、兵事尊右；战国时期，朝官尊左，军中尊右；秦朝尊左，汉朝尊右；六朝朝官尊左，宴饮尊右；唐宋明清尊左，元朝尊右。喜庆活动一般以左为尊；凶伤吊唁以右为尊。

现在，中国已经步入现代化，封建制度早已被废除，提倡人人平等，但是为了方便与世界接轨，仍需要遵循国际标准。在国际上，以右为尊，以中为尊，处在中间位置的要尊于两侧的；以前排为尊，重大场合一般都是重要人物坐在前面；在室内，距离门最远的位置为尊，观景最好的位置为尊。

不论是人与人之间的相处，还是国与国之间的合作，都要建立在尊重彼此的文化和礼仪的基础上。

# 任务二　办公场所礼仪

**思政引领**

### 待同僚，则互相规劝；待下级，则再三训导

据说，曾国藩一开始同湖南巡抚骆秉章的关系并不好。咸丰三年，当曾国藩在湖南初办团练时，骆秉章压根儿就没把曾国藩放在眼里，当绿营与团练闹矛盾时，他总是偏向绿营。但曾国藩并没有逞口舌之快，而是采取忍让的态度，在为父守孝后第二次出山时，特意拜访了骆秉章。这让骆秉章大感意外，当场表态，以后湘军有什么困难，当倾力相助。

"己欲立而立人，己欲达而达人"，曾国藩不仅对同僚和上级有所辅益，对下级耐心训导，这种为人处世之道，让他成就了自己。

**请思考**：曾国藩的职场处事原则对现代职场有什么启示？

办公室是重要的办公场所，良好的办公场所礼仪是一个人职业道德和综合素养的体现，有助于职业生涯规划的顺利开展。办公场所礼仪是影响员工工作效率的重要因素之一。与知礼达礼的同事对接、共事，能合作愉快，效率提升；与不懂礼仪的同事对接，沟通受阻，进展不顺，甚至会产生矛盾。办公场所礼仪包含办公礼仪的一般规范、办公室人际交往礼仪、办公环境礼仪。

## 一、办公礼仪的一般规范

### （一）企业管理制度

"无规矩不成方圆"，严格遵守企业的规章管理制度，不仅是办公室中最基本的礼节，也是所有职场人的职业素养要求。首先，职场人应该按时上班，不迟到、不早退、不缺勤，自觉遵守公司考勤制度，若需请假，则要及时办理相关请假手续；其次，在上班时间内要严格遵守公司仪容仪表要求，若没有明确规定，则一定不要穿奇装异服，男士不穿背心、短裤，女士不穿紧身衣、超短裙等不适宜的服装，妆容要整洁、大方；最后，要注意办公室仪态，坐姿端正，站姿优雅，走姿从容，展示出职场人的风采。

### （二）办公室手机使用礼仪

在办公室接听和拨打电话应使用礼貌用语。随着手机的普及，越来越多的办公事务开始使用手机进行沟通。要注意，在办公室内应使用得体的手机铃声，避免引起误会和尴尬。手机铃声的音量要适宜，以方便自己和不影响别人为前提。在会议、工作洽谈等时间，应把手机设置成静音状态。在与人交流时，如果手机来电，且电话非常重要，必须接听时，则应大方地告知，如"不好意思，我有个非常紧急的电话需要现在接听"。偷偷摸摸接听电话会让对方觉得很不礼貌，对方没有被尊重。在办公室接听电话，声音不能太大，在公共办公空间最好不要打私人电话。规范的办公室手机使用礼仪可以营造一个安静、和谐的办公环境。

## 二、办公室人际交往礼仪

明朝的薛瑄在《读书录》中写道："处己、事上、临下，皆当以诚为主。"这说的是衡量自己、对待上级、领导下级，都应该以真诚为准则。在现代职场当中，这为人处世的根本。

### （一）同事交往礼仪

在同事之间建立良好的人际关系，是顺利开展工作的基础。

**1. 相互尊重，以礼待人**

办公室的同事涉及不同部门、不同岗位，角色较多，人脉关系复杂。要和同事和谐相处，要做到相互尊重，以礼相待。孟子云："爱人者，人恒爱之；敬人者，人恒敬之。"只有尊重他人，才会被尊重，做到礼貌待人，善于倾听，不谈论他人的隐私，不评论他人的行为，不攻击他人的人格，不打扰他人的工作，不乱动他人的东西。同事遇到难处，应主动询问是否需要帮忙；同事之间发生争执，要主动化解，避免尴尬和误会；对同事的不当行为要学会包容和理解，只有做到换位思考，才能相处融洽。

**2. 团结协作，公平竞争**

在同一个办公环境中，大家有着共同的工作目标，因此同事之间应该真诚、热情对待彼此，相互理解、相互包容、相互帮忙，提高团队凝聚力，从而实现共同的工作目标。职场有合作，但也免不了竞争，每个人都应该拥有正确的价值观，同事之间应透明、公平地展开竞争，切忌为了胜利用非正常的手段，或诋毁竞争者。做事要踏实，做好自己的本职工作，在协作中良性竞争。

**3. 语言适度，宽以待人**

同事之间交流，语言要有度、得体，要注意分寸，不是所有话题都可以在办公室讨论。不向同事抱怨、发牢骚，不议论别人的私事，不搞小团体，不问同事的工资待遇，与同事讨论不要得理不饶人，说话要让人三分，这有助于构建和谐的职场关系，拥有更广的人脉。

### （二）与上级相处礼仪

下级要尊重、服从上级，主动完成上级布置的工作任务，精益求精。帮助上级树立职场威信，相处要不卑不亢，注重职场细节，视场合判断相处的方式、方法。在职场中，上级自带领导气场，大部分员工害怕与上级单独相处。其实单独相处是机遇，也是挑战。通过单独相处可以与上级建立信任。在单独相处的过程中，要善于感知聊天的气氛，如果气氛紧张，则可以耐心等待上级的"破冰"，不用主动发问或表达意见；如果上级的提问涉及私人话题，则记得听重点，可以简洁、诚恳地回答，但不要主动询问上级的私人信息；当遇到上级接听私人电话时，应尽量回避。在与上级非单独相处时，不要当着众人的面与上级发生正面冲突。在有不同的意见且有可能与上级产生争执时，可以事先或事后单独与上级进行沟通，这样可以让上级对自己的信任感倍增。在日常工作中，不能越级汇报工作，除非征得上级同意。

### 礼仪故事屋

#### 魏延的"反叛"

《三国演义》里"脑后有反骨"的魏延是蜀国的"国防部"高管，军、政工作能力强，业务水平一流，是妥妥的国之栋梁。

但他个性高傲，搞不好同事关系，跟很多同事都闹过矛盾，被不少人看在眼里、恨在心里。后来他在带兵回城的路上被主管后勤的同事杨仪扣上叛变的罪名，致使人生走向悲剧的终点。

**思考：** 在职场中，业务能力和人际关系孰轻孰重？该如何平衡？

### （三）上下级相处礼仪

上级对下级要给予尊重和关爱，让下级对自己保持敬重。每个上级都想拥有职场威信，但建立职场威信一定要基于平等待人，忌拉帮结派、任人唯亲，要做到唯才是举。"己所不欲，勿施于人"，无论是工作作风，还是生活细节，都要以身作则，只有成为下级的模范和榜样，才能让下级配合上级的工作。

### （四）异性交往礼仪

古语有云："男女授受不亲。"但随着时代的进步，在如今的职场中，男女完全可以公开的正常交往。在工作交往过程中，双方要注意一定的礼仪，坦诚交往，注意分寸。

#### 1. 语言礼仪

在办公室交谈中，男女都应注意语言礼仪。男士在办公室不能说粗话，尤其在有女同事在场的情况下；在互相恭维时，不能说不合适的语言，避免让对方误会。注意把握话题分寸，不宜把自己的私生活带到职场上，生活中的不如意不宜向异性同事倾诉过多。

#### 2. 服饰礼仪

办公室不是约会或居家场所，服饰要规范。女士着装要得体，不能过分张扬自己的性感，不能穿超短裙或太露的衣服，举止要端庄、自然；男士要干净、稳重，衬衫不能敞开，不能穿短裤。

#### 3. 行为礼仪

基于社会风俗和交往礼仪，男士一般会主动照顾女士，女士面对男士的照顾要保持头脑清醒。男士不能当着女士的面整理衣裤，女士不能做一些不合时宜的动作，避免造成误会。

### （五）微信社交礼仪

在"扫一扫"的时代，各类新媒体社交平台涌现，同事之间有了新的社交方式，如微信、微博、抖音等。微信以其语音、图片、视频、定位等便捷的多媒体交流功能成为时下使用频率最高的新媒体社交平台，新、老同事见面，"扫一扫"加微信好友，没事翻翻朋友圈，偶尔评论，让日常的沟通更生动。但在职场中，微信的使用有相应的礼仪规范。

#### 1. 信息保护礼仪

互联网时代，个人名片有了另一种形式——电子名片，只需要扫一扫二维码或把电子名片进行推送即可。职场中的同事基本都是微信好友，不管是新同事，还是老同事，互加好友一定要征得对方同意，特别是想要把某位同事的电子名片推送给其他人时，一定要询问当事人是否愿意分享电子名片，做好信息保护。

#### 2. 微信朋友圈礼仪

微信朋友圈具有私密性和休闲性，主要功能是通过对日常生活的记录进行情感交流和信息共享。有人说，微信朋友圈是私人空间，想发什么就发什么。但作为职场人，微信朋友圈就不是完全"自由"的了。

微信朋友圈呈现的内容应符合自己的身份和形象，因为有同事、朋友和家人，所以不应发太多与工作相关的内容，不要让微信朋友圈成为单纯的"工作圈"；不要随意对微信朋友圈的内容进行点赞或评论，评论要注意内容适当，不能影响自己的形象，特别是不要对同事以前的微信朋友圈内容进行评论或点赞，会让别人觉得自己在被调查；不可将微信好友的微信朋友圈内容随意转发给其他人。

微信朋友圈发送内容注意事项有以下四点。

① 不抱怨公司、工作或同事。微信朋友圈虽然可以表达心情，但抱怨不仅不会改变现有的工作状态，还会让领导或同事质疑自己的工作能力。

② 微信朋友圈不要晒自己的收入。

③ 微信朋友圈不宜发广告或与微商相关的信息，即使不在工作时间发微信朋友圈，也会给领导或同事不好的印象。

④ 微信朋友圈不宜发自己的私密生活照片或相关信息。

#### 3. 微信群礼仪

微信群是多人聊天的平台，具有发送语音、图片、在线视频和定位等功能。微信用户可以通过好友邀请或扫二维码的形式加微信群。在职场中，一个单位、一个部门、一群同事等都可以组建微信群。邀请好友入微信群一定要征得对方同意。注意不要让工作交流群成为广告群。

#### 4. 微信好友交流礼仪

和微信好友交流，要注意交流时间、方式，以及规范交流语言。如果对方发送的是文字信息，最好也回复文字信息，不可贸然回复语音信息，这有可能打扰对方，是不礼貌的行为。发送语音信息一定要注意对方所处的场合和时机。能当面交流的信息，尽量不要依赖微信进行沟通。除非跟对方有特殊约定，否则不能在深夜和大清早发送信息谈论工作。

### 三、办公室环境礼仪

办公室环境会影响工作人员的办公情绪，好的办公室环境会让人心情舒畅，提高工作效率，因此要维护好办公室环境，职场人要树立保护办公室环境的意识，掌握良好的办公室环境礼仪。爱护办公室公共设施，物品在使用后要摆放整齐，不能给后面使用的人增添麻烦；保持自己的工位整洁、有序，不要随意摆放私人物件；当离开自己的工位时，应将文件整理、收纳好，特别是非常重要或保密的文件，不应随意摊放在桌面上；长时间离开办公室，要记得关闭计算机和其他办公设备，节约办公资源，避免引起火灾等安全事故。

办公室是公共场所，在办公室内拨打电话或与同事交流的声音不宜过大，否则会影响周围同事。如果要通知其他办公室的同事，则应该到其办公地点进行通知，不能隔着很远的距离就大声喊叫，这样会严重影响办公环境的和谐。

在办公室内应该友好、和睦相处，员工应该尽量做好自己的本职工作，以礼待人。搞小团体会严重影响同事之间的交往和办公室的办公气氛，造成精神环境被破坏，导致办事效率低下，影响办公室工作人员的情绪。

### 礼仪知识屋

#### 办公场所礼仪常识

适用于办公场所的礼仪，就是一种大众化的办公着装、语言及行为方式，隐去了个性化、情绪化、标签式的展示，其为一种约定俗成的规范。

1. 着装得体

办公场所着装宜简单、大方，以体现工作的严肃性。男女着装均应衣有袖、颈有领，面料以不透、不露为基本要求。不宜穿着过于鲜艳、短小、暴露、贴身的服装。

2. 善用"请"和"谢谢"等礼貌用语

在工作中，"请"和"谢谢"有着超凡的魔力，是职场的通用名片，人们应该抓住每个机会去使用。"良言一句三冬暖，恶语伤人六月寒"，使用礼貌用语既表达了对同事的尊重，也营造了一种愉悦的工作氛围，给人留下友好、尊重、彬彬有礼的印象，因此在办公场所一定要用好礼貌用语。

3. 营造良好的团队协作氛围

大部分的工作都需要与同事或者与客户合作完成，人与人之间不同的性格有时会使得相处变得非常困难。良好的沟通是顺利合作的基础。

"君子和而不同，小人同而不和"讲了两种工作态度，君子可以与团队保持和谐、融洽的氛围，但其对待任何事情都持有自己的独立见解，做出有利于团队的判断；小人则没有自己独立的见解，虽然常和他人行动一致，但并不讲求真正的和谐贯通。

# 任务三　商务会议礼仪

> **思政引领**
>
> ### 中国最早的和平会议——弭兵之会
>
> 春秋时期的弭兵之会是中国历史上最早提出休战的会议。春秋时期，纷争不断，弭兵之会能够出现休战现象，这无疑是历史上的异数。
>
> 弭兵之会，是指由宋国出面主持、晋楚两国主导的和平会议，精髓就是两个大国摒弃前嫌，不仅不再开战，而且不再欺负对方的附属国。这样的会议举行了两次，分别是公元前579年的"华元弭兵"和公元前546年的"向戌弭兵"，尤其后一次得到了比较严格的遵守和执行，造就了中原地区四十余年的总体和平局面。
>
> "向戌弭兵"的主持者是著名的赵氏孤儿——赵武。参与者有晋、楚、齐、鲁、宋、郑等国的诸侯，地点在宋国都城。
>
> 这样的会议十分罕见，即使放眼全球史，也只有到近现代才有类似和平会议。
>
> 赵武追求和平的初心是二次休战的源头，而赵武在会盟阶段的努力和礼让，让休战成为现实。赵武在小时候经历过血腥的宫廷政变，这段经历让他更能了解民间的疾苦和世人的苦难，这造就了他博大包容、热爱和平、野心消弭的非凡性格。他对和平与安宁有着由衷的渴望，这大概也是他推动弭兵之会的动机。
>
> 第二次休战标志着晋楚争霸的结束，春秋时期进入全新的时代，这是名副其实的历史大事件。

商务会议是企业洽谈商务、布置工作、沟通和交流所采取的重要方式。一般而言，商务会议包括一般会议与专题会议，其中一般会议主要包括工作例会、总结会、表彰会、研讨会及计划会等；专题会议包括新闻发布会、展览会、赞助会和茶话会等。但商界中的许多专题会议往往流于形式而难以达到预期效果。因此，有效组织会议，在会议中遵循礼仪规范与要求，展示良好形象，已为越来越多的企业、组织及商务人士关注。

## 一、一般会议礼仪

一般会议是一种围绕特定目标开展的、组织有序的、以口头交流为主要形式的群体性活动。据调查，商务人士每周约花1/4的时间在开会上，80%的企业员工的晋升来源于其在会议上的表现所引起上级的注意和赏识。作为一般会议的组织者或参加者，商务人士有必要遵循一般会议礼仪，以使一般会议高效、有序进行，同时良好展现自我。

### （一）会前准备礼仪

1. 会议通知礼仪

（1）会议通知种类。

会议通知按形式可分为口头通知和书面通知。

会议通知按性质可分为预备性通知和正式通知。

会议通知按名称可分为会议通知、邀请信（函、书）、请柬、海报、公告等。

（2）会议通知内容。

会议通知内容要尽可能详尽、明确，这样既帮助与会者事先作好会议准备，同时也是对与会者的尊重。会议通知一般应包括以下内容。

① 会议名称。会议名称一定要写全称。

② 主办者。联合主办的会议，要写明所有主办者的名称。

③ 会议内容。会议内容包括会议的目的、主题、提纲、议程等。报告会应写明报告人姓名、身份和报告主题。

④ 参加对象。如果会议通知是发给单位的，则应当说明对与会单位的具体要求；会议通知可以直接发给与会者个人。按与会者资格不同，会议通知中应用"出席""列席""旁听""参加"等词语来区分。为了达到一定规模，会议通知中应规定每个单位的与会人数。

⑤ 会议时间。其包括报到的时间、会议正式开始和结束时间。如果要举行预备会议，则应说明。

⑥ 会议地点。会议通知应写明会场所在地、路名、门牌号码、楼号、房间号、会场名称，在必要时画出交通简图，标明地理方位及抵达的公交线路。

（3）回执或报名表。

为做好接待服务，有的会议通知还会附上回执或报名表，让与会者填写姓名、性别、年龄、职务、职称、抵达会议的时间和交通工具、预订回程车票的具体要求等，并寄回。

2. 会场布置礼仪

（1）会场布置任务和意义。

会场布置是一项有明确意图的会务工作，其根本目的在于营造与会议主题、性质相适应的会场气氛，从而有利于实现会议的目标。具体而言，有以下几个方面的任务：一是充分利用场地，在会场面积有限的情况下，要合理安排座位，以最大限度地利用会场。二是提供完备的会议设施，确保会议顺利。三是安排好座位和位次，体现会议的有序性。四是运用座位格局和会场装饰的特殊效果，营造会议气氛。

（2）会场座位格局的类型。

① 上下相对式。这种会场座位格局的主要特征是主席台和代表席面对面，从而突出主席台的地位。其适用于大中型的报告会、总结会、表彰会、代表大会等。

② 全围式。这种座位格局的主要特征是不设专门的主席台，会议的主办人和主持人同其他与会者围坐在一起。这种会场座位格局容易形成融洽与合作的气氛，适用于小型会议，如座谈性、协商性等会议。

③ 半围式。这种会场座位格局介于上下相对式和全围式之间，即在主席台的正面和两侧安排代表席，形成半围状态，既突出了主席台的地位，又增加了融洽的气氛。其适用于中小型的工作会议，如咨询、述职、考评、听证等性质的会议。

④ 分散式。将会场座位分解成由若干会议桌组成的格局，每一张会议桌都形成一个谈话中心，与会者根据一定的规则安排座位。其适用于规模较大的联欢会、茶话会、团拜会等。

⑤ 并列式。将所有的座位安排成纵向并列或者横向并列的格局。

（3）座区的划分和排列礼仪。

① 按与会者的资格划分和排列。首先将所有与会者按正式代表、列席代表、旁听者、记者加以划分，再按资格分别排列座区。正式代表的座区在前排或居中，列席代表安排在后排或在正式代表两侧。较大的会议可将正式代表安排于一楼就座，将列席代表安排于二楼就座。如果有特别嘉宾，除就座于主席台的以外，则应安排在前排就座，以表示尊重和欢迎。如果允许旁听者和记者参加，则在会场两侧或后排专设旁听席和记者席。

② 按团组划分和排列。一般可按代表团名称首字笔画数、代表团名称的汉语拼音首字母、国家英文名称首字母等确定团组的先后顺序。

排列团组先后次序的依据：按代表团名称首字笔画数确定，首字笔画数相同的，根据第二个字的笔画数确定，以此类推；按代表团名称的汉语拼音首字母顺序确定，首字母相同的，根据第二个字母确定，以此类推；国际会议则根据国家英文名称首字母顺序排列，首字母相同的，根据第二个字母确定，以此类推；根据协商达成的顺序排列。

确定团组个体座区的方法：横向排列法，即先把每个团组的座区从前向后排成纵向的多列，再按级别顺序以正式代表座区的朝向为准，从左向右依次横向排列；纵向排列法，即先把每个团组的座区排成横向的多行，再按级别顺序从前向后依次纵向排列；左右排列法，即先把每个团组的座区排成纵向的多列，再以会场的中心线为基准，将顺序在前的排在中间位置，然后先左后右向两侧横向交错扩展排列其他团组个体；纵横排列法，当会议规模和会场较大、团组个体数量和会议人数较多时，若单纯按上述三种方法排列，则可能出现一个团组座区排得过于宽或长，以致进行联系和人数统计很不方便。这时可先将会场从前向后、从左向右分成若干矩形座区，再按团组顺序先横后纵依次排列，使每个团组个体座区相对集中。

③ 按与会者资格和团组顺序混合排列。若参加会议的与会者具有不同的资格，且有若干团组，则应当先按与会者的资格划分和排列座区，相同资格的，可按团组排列先后顺序。

（4）座位排列礼仪要求。

座位排列礼仪要求如下：按职务高低、按姓氏笔画数、按上级批复或任命通知中的名单、按各单位名称首字笔画数排列。

（5）主席台座位安排礼仪。

身份最高的人（有时可以是声望较高的来宾）安排在主席台前排的中央就座。其他与会者按先左后右（以主席台的朝向为准）、一左一右的顺序排列。在主席台就座的人数为偶数时，前两位共同居中就座，第一位坐在第二位的左侧。主持人的座位按其身份高低安排。双方共同主持的会议采取交叉间隔排列的方法。

（6）座位标识。

座位标识是指引导与会者就座的各种标志。座位标识的种类和具体标识方法如下。

① 座位号标识。大型的固定会场要有座位号标识。一般为楼层号、区号（可用序码编号，如1号区、2号区）、排号、座位号（一般分为单数号和双数号）。

② 团组标识（即代表团的座位区域）。团组标识一般有如下两种：落地指示牌，上面书写代表团名称，置于该团组首座的前方或两侧；台式标志，放置在该团组首座的桌上。分座区时要把正式代表、列席代表、旁听席、记者席明确区别。

③ 席卡。每个与会者桌上放置的有姓名的席卡，又称名签。席卡通常在两面书写姓名，一面朝外，一面朝与会者自己，这样既便于与会者寻找自己的位置，又方便相互辨认。如果与会者是某个国家或组织的代表，则可以用中、外文两种文字书写国家名或组织名。大

型会议要在主席台上放置席卡，而主席台下一般只放置团组标识。

④ 桌次。采用分散式会场座位格局的会场，如宴会、联欢会，要用序号标识桌次。

⑤ 指示牌。在较大的会场，为了方便与会者寻找座位，要在会场门口和会场内悬挂或放置指示牌，指明前往座位的方向或方位。

⑥ 位置分布图和位次图。会前先印发全场或主席台的位置分布图及位次图，使每位与会者心中有数。位次图可张贴或悬挂于会场入口处。

（7）会场装饰。

① 会标。会标是以会议名称作为展示主要会议信息的文字性标志。会标的格调要与会议的主题相一致，并以醒目的横幅悬挂于主席台上方的沿口或布景板上，或制成幻灯片，投射于幕布上。

② 会徽。会徽是体现或象征会议精神的标志性图案，一般悬挂在主席台的幕布中央，具有感染与激励作用。

③ 标语。把会议口号（即标语）用醒目的形式张贴或悬挂起来。标语与会徽、画像、旗帜等装饰物相比，能直接展示会议主题，因而具有更加显著的宣传效果。书写标语的要求：一要切合主题，标语是为宣传会议主题服务的，在制作时一定要切合主题，体现会议的目标。二要亲切感人，要使人们对标语产生认同感，很重要的一点就是要亲切、随和。三要号召力强，标语要有强烈的鼓动性，使人看后精神为之一振。四要简洁、工整，实践证明，简洁、工整的标语更能引起与会者的视觉注意，也更容易记忆、传播。

④ 花卉。在会场内外适当布置花卉，其品种与颜色符合会议的整体格调。

⑤ 灯光。灯光的强、弱、明、暗及颜色会给会场带来不同的视觉效果。

## （二）会议服务礼仪

### 1. 接站服务

会议接待人员在机场、车站、码头迎接与会者。优质的接站服务能给与会者提供极大的方便，并使与会者产生宾至如归的亲切感。

（1）确定接待规格。

根据与会者的身份事先确定接待规格。

（2）组织欢迎队伍。

根据需要组织欢迎队伍，表示热情、友好。

（3）树立接待标志。

在接站处竖立醒目的接待标志，以便与会者辨识。

（4）掌握抵达情况。

随时掌握并统计抵达人员的名单和人数，特别留意晚点的与会者，避免漏接。

（5）见面礼仪。

热情介绍，主动握手。

（6）安排献花。

对于重要的与会者，可在主客双方见面、介绍、握手之后安排献花。

（7）陪车。

接待人员在乘车时要注意位次礼仪。小轿车的位次通常为"右为尊、左为卑；后为尊、前为卑"，即小轿车的后排右座为上座，安排客人坐；后排左座为次座，安排主办方领导坐；接待人员坐司机旁边的座位。当接待人员受领导委托单独陪车时，可坐在客人的左侧。在开车门时，接待人员站在车门轴一侧，一只手将车门拉开至70°，另一只手的手指并拢，手臂伸直，挡在车门上沿，为客人护顶，以防客人头部碰撞门框，上身微向车辆倾斜。

2. 报到与签到

报到与签到是与会者到达时要办理的手续。报到是与会者在到达会议所在地时要办理的登记、注册手续，但不一定证明其要参加每一场具体的会议。在与会者报到时，接待人员要做好的工作如下：查验证件、登记信息、接收材料、发放文件、预收费用、安排住宿等。在这个过程中，接待人员应注意礼节，使用礼貌用语，正确使用手势，提供微笑服务。签到则是与会者在某一场具体的会议的签到簿上签名，证明其参加了这场具体会议。会议时间较短、无须集中接待的会议，一般只办理签到手续，但如果会议时间较长、具体会议较多、需要集中接待的会议，则办理报到与签到手续。

3. 引导礼仪

在会议期间，接待人员要为与会者指引会场、座位、餐厅、房间的方向或方位，以及与会者打听的地方的往返路线和具体位置。在安排专门的礼仪人员进行专职引导时，礼仪人员走在与会者的左前方一米左右，按正确的手势要求引导，面带微笑，同时使用礼貌用语，如"请往这边走""小心地滑""您请进""您请坐"等。

4. 会间服务

在会议正式开始前，礼仪人员应给与会者倒茶水或发放矿泉水，根据需要递上烟灰缸。开会期间，礼仪人员站在侧边等候，随时提供服务，如为与会者添水、更换烟灰缸、发放有关文件、传递材料等。

（三）会议结束礼仪

会议结束后，礼仪人员首先应引导主席台上的人退场，在全体与会者退场后，应检查是否有遗留物品。接待人员应做好与会者的返程工作，让会议服务有始有终。

1. 预订返程票

返程票是与会者最关心的问题之一。提前做好这项工作，能解决与会者的后顾之忧。若与会者的返程时间或交通工具有变更，接待人员应尽可能满足其要求。

2. 结算费用

报到时若预收了有关费用，则在与会者离会之前，要结清必须由与会者承担的费用。结算时要做到：列清每项开支、多退少补、开具正式发票。

3. 送别

送别时应热情欢送与会者，安排车辆将与会者送至机场或车站。对待身份较高者，领导应亲自到机场或车站送别。

### （四）参加会议礼仪

与会者接到会议通知，应及时回复。若不能参加，则详细说明理由并致歉。参加会议前，要了解会议的议题，根据需要准备发言稿或有关材料。若中途临时有变，则应及时通知主办方并说明理由、致歉。参加会议应体现良好的礼仪修养，讲究仪容仪表。一般穿正式服装，准时到场；配合接待人员做好报到或签到事宜；按指定地点就座；会议期间遵守会场纪律，不与他人长时间讨论问题；尊重他人意见，对每一个与会者的发言给予掌声；若会场中有"请勿吸烟"字样，则应克制自己不吸烟；表现良好的精神状态，不打呵欠，不东张西望，不频繁看表；认真做好会议记录；会议发言内容切合议题，简洁明了，表述清晰，声音、语调、节奏控制得当，适当辅以手势，以增强表达效果，整个发言过程充分体现自信、友好的风范。整个会议期间，应配合主办方的食宿及其他安排，并对主办方的服务给予肯定与感谢。

## 二、专题会议礼仪

### （一）发布会礼仪

新闻发布会，简称发布会，也称新闻招待会。它是一种主动传播信息以谋求新闻界对某个社会组织或某个活动、事件进行客观而公正报道的有效沟通方式。可以说，举办新闻发布会是联络、协调与新闻媒介关系的一种重要手段。发布会礼仪一般包括会议筹备、媒体邀请、现场交流、善后事宜四个方面。

1. 会议筹备

（1）确定主题。

新闻发布会的主题指的是新闻发布会的中心议题。主题是否得当，往往直接关系到发布会的预期目标能否实现。一般而言，新闻发布会的主题有三类：第一类是发布某条消息，第二类是说明某个活动，第三类是解释某个事件。

（2）选择时空。

一般来说，一次新闻发布会的时间应当限制在两个小时以内。同时，还要注意以下细节：一要避开节日与假日；二要避开本地的重大社会活动；三要避开其他单位的新闻发布会；四要避免与新闻界的宣传报道"撞车"或相左。若只讲紧迫性、时效性而忽略了上述细节，则往往劳而无功。新闻发布会的举行地点，除可以选择本单位所在地、活动或举办地之外，还可以优先考虑首都或其他影响力大的城市。必要时，还可以在不同地点举行内容相似的新闻发布会。

（3）安排人员。

首先要选好主持人与发言人。新闻发布会的主持人一般由主办单位的公关部部长、办公室主任或秘书长担任。对主持人的基本要求如下：仪表堂堂，年富力强，见多识广，反应灵活，语言流畅，幽默风趣，善于把握大局，善于引导和提问，并且具有丰富的主持经验。

新闻发布会的发言人是主角，通常由主办单位的主要负责人担任。除了要在社会上有较好的口碑、与新闻界关系较为融洽，发言人还应当修养良好、学识渊博、思维敏捷、记忆力强、善解人意、能言善辩、彬彬有礼等。新闻发布会还需要安排人员负责会议现场的接待工作，依照惯例，最好安排品行良好、相貌端庄、工作负责、善于交际的年轻女性。主办单位的工作人员均须在会上佩戴事先统一制作的姓名胸卡。

（4）准备材料。

在准备新闻发布会时，主办单位通常需要事先委托专人准备一系列材料，如发言提纲、问答提纲、宣传提纲及其他辅助材料。

2. 媒体邀请

在新闻发布会上，主办单位在邀请新闻媒体时，必须有所选择、有所侧重，一般根据新闻发布会的主题和目的，结合不同新闻媒体的特点来邀请及确定邀请数量等。

3. 现场交流

（1）注重外表修饰。

在新闻发布会上，主持人、发言人被视为主办单位的形象代言人。在新闻发布会召开之后，主持人、发言人可能要在不少新闻媒体上亮相，因此主持人、发言人对于自己的外表，尤其是仪容、服饰，一定要事先进行认真的修饰。

（2）做好相互配合。

主持人与发言人要做好相互配合，一要分工明确，二要彼此支持。主持人主要负责主持会议、引导提问，发言人主要负责主题发言、答复提问。二者必须保持口径一致。若遇到过于尖锐或难以回答的问题，主持人要设法转移话题，不使场面难堪。

（3）注意讲话分寸。

在新闻发布会上，主持人、发言人的讲话，一要简明扼要、条理清楚、重点集中；二要提供新闻，在讲话中表达自己的独到见解；三要生动、灵活；四要温文尔雅。

4. 善后事宜

新闻发布会结束后，主办单位要在一定的时间之内，对其效果进行评估。具体而言，应做好如下事宜。

（1）了解新闻界的反应。

新闻发布会结束之后，应对照签到簿与来宾邀请名单，核查新闻界人士的到会情况，据此大致推断新闻界对本单位的重视程度。

（2）整理、保存会议资料。

整理、保存会议资料大致上可以分为两类：一是会议本身的图、文、声、像资料；二是新闻媒体的有关会议报道资料。

（3）酌情采取补救措施。

在听取了与会者的意见、建议，总结了会议的举办经验，收集、研究了新闻界的相关报道之后，对失误、过错或误导主动采取对策。

（二）展览会礼仪

展览会是根据展者和观者的需求，通过在一定时间、空间条件下直观展示展品、传递和交流信息，使观者作出购销、投资决策，或从中学习、受教育的社会服务活动。

1. 展览会的分类

根据不同的标准，展览会可以分为不同的类型。

（1）根据目的分类。

根据目的，展览会可分为宣传型展览会和销售型展览会两种。宣传型展览会主要是向外界宣传、介绍参展单位的成就、实力、历史和理念，又叫作陈列会；销售型展览会主要是展示参展单位的产品、技术和专利，以招徕顾客、促进生产与销售。通常地，人们将销售型展览会称为展销会或交易会。

（2）根据种类分类。

根据种类，展览会可分为单一型展览会与综合型展览会。单一型展览会往往只展示某一大类的产品、技术或专利，人们经常以具体展示的某一类产品、技术和专利的名称，对单一型展览会进行直接冠名，比如，"化妆品展览会""汽车展览会"等。综合型展览会也称混合型展览会，是一种同时展示多类产品、技术或专利的大型展览会。与前者相比，后者侧重的是参展单位的综合实力。

（3）根据规模分类。

根据规模，展览会可分为大型展览会、小型展览会与微型展览会。大型展览会通常由专门机构出面承办，参展的单位、项目多，规模较大。小型展览会一般由某个单位自行举办，规模较小。小型展览会展示的主要是代表主办单位最新成就的各种产品、技术和专利。微型展览会则是小型展览会的缩小版，提取小型展览会的精华，一般不在社会上进行商业性展示，而只是陈列于本单位的展览室或荣誉室，主要用来教育本单位的员工和供来宾参观。

（4）根据区域分类。

根据区域，展览会可分为国际性展览会、洲际性展览会、全国性展览会、全省性展览会和全市性展览会等。

（5）根据场地分类。

根据场地，展览会可分为室内展览会与露天展览会。

（6）根据时间分类。

根据时间，即展期的不同，展览会可分为长期展览会、定期展览会和临时展览会。长期展览会大多常年举办，其展览场所固定，展品变动不大；定期展览会的展期一般固定为某段时间，且只在某段特定的时间内举行；临时展览会可根据需要随时举办，其展览场所、展品乃至展览主题，往往不尽相同，但展期都不长。

2. 展览会的组织

做好组织工作是成功举办展览会的前提，具体包括参展单位的邀请、展览内容的宣传、展示位置的分配、安全保卫工作的落实、辅助服务的提供等。

（1）参展单位的邀请。

主办单位应事先以适当的方式，向拟参展单位发出正式的邀请。邀请参展单位的主要方式：刊登广告、寄发邀请函、召开新闻发布会等。不管采用哪一种方式，均须同时将展览会的宗旨、展览会的主题、参展单位的范围与条件、举办展览会的时间与地点、报名的具体时间与地点、咨询有关问题的联络方法、主办单位拟提供的辅助服务、参展单位应负担的基本费用等一一告知。当参展单位的正式名单确定之后，主办单位应及时以专函进行通知。

（2）展览内容的宣传。

宣传的重点是展览内容，即展览会的展示、陈列之物。对展览会内容的宣传，主要采用下述几种方式：一是举办新闻发布会；二是邀请新闻界人士到场进行参观、采访；三是发表有关展览会的新闻稿；四是公开刊发广告；五是张贴有关展览会的宣传画；六是在展览会现场散发宣传性材料和纪念品；七是在举办地悬挂彩旗、彩带或横幅；八是利用升空的彩色气球等进行宣传。以上方式，可以只选择其一，也可以多种并用。在进行选择时，应量力行事，并严守法纪，注意安全。

(3) 展示位置的分配。

展示位置分配的基本要求：展示、陈列的各种展品要围绕既定的主题，进行互为衬托的合理组合与搭配，在整体上显得井然有序、浑然一体。展位的合理分配方法有竞拍、投标、抽签或按先来后到等。

(4) 安全保卫工作的落实。

在举办展览会前，要依法履行常规的报批手续：组织单位主动将展览会的举办详情向当地公安部门进行报备，取得其理解、支持与配合。举办规模较大的展览会时，可从正规的安保公司聘请一定数量的安保人员；向声誉良好的保险公司进行数额合理的投保。在展览会入口处或展览会的门票上，列出参展的具体注意事项，使观者心中有数，减少纠葛。展览会组织单位的工作人员，应自觉树立良好的防损、防盗、防火、防水等安全意识。

(5) 辅助服务的提供。

组织单位为参展单位提供的辅助服务包括：展品的运输与安装；车、船、机票的订购；与海关、商检、防疫部门的协调；跨国参展需要的有关证件、证明的办理；电话、传真机、电脑、复印机等现代化的通信联络设备的提供；举办洽谈会、发布会等商务会议所需的或在休息时所需的场所的提供；餐饮的提供；有关展览所需零配件的提供；可供参展单位选用的礼仪、讲解、推销人员等。

### 3. 参加展览会的礼仪

参展单位在参加展览会时，要讲究一定的礼仪，以达到参展效果最优化。

(1) 树立整体形象。

在展览会上，参展单位的整体形象主要由展品的形象与工作人员的形象两个部分构成。展品的形象主要由展品的外观、质量、陈列，以及展位的布置、发放的资料等构成。展品外观力求完美，质量要优中选优，陈列既整齐、美观，又讲究主次，布置要在突出主题的同时吸引观众的注意力。在展览会上散发的资料要印刷精美、图文并茂、资讯丰富，并且注有参展单位的主要联络方法，如公关部门与销售部门的电话、传真及电子邮箱等。

工作人员的形象主要指展览会上的参展单位工作人员的穿着打扮。在一般情况下，展位上工作人员应当统一着装。最佳的选择是身穿本单位的制服，或者穿深色的西装、套裙。全体工作人员都应在左胸前佩戴标明本人单位、职务、姓名的胸卡，礼仪小姐例外。

(2) 讲究礼节礼貌。

在展览会上，参展单位的工作人员都应树立"观众是上帝"的意识。一旦展览会正式开始，全体工作人员应各就各位；不允许迟到、早退、无故脱岗、串岗；面对观众，面带微笑，主动招呼；礼貌、周到地回答别人的咨询；热情送客。

(3) 运用解说技巧。

展览会的解说技巧：因人而异，使解说具有针对性；突出展品的特色，并在实事求是的前提下，注意扬长避短；在必要时，可自己或邀请观众进行现场操作示范；安排观众观看与展品相关的影片，并向其提供说明材料与单位名片。

## (三)赞助会礼仪

现代企业注重经济效益与社会效益并重,举办赞助会是企业承担社会责任与义务,创造良好社会效益的有效方式。举办赞助会应遵循以下的礼仪要求。

### 1. 前期研究

赞助活动源于两种情况:一是企业主动向其他单位、组织或个人提出赞助;二是企业接到其他单位、组织或个人的赞助请求后,经过研究,酌情给予对方一定程度的赞助。无论何种情况,企业都应进行前期研究,确认赞助是否符合以下条件:遵守我国的法律规定;与本单位的经营策略、公共关系目标相适应;真正地有利于受赞助者,同时也有利于整个社会;本单位力所能及。

### 2. 制订计划

在进行前期研究的基础上,根据企业的赞助方向和政策,制订年度赞助计划,具体包括赞助对象的范围、费用预算、赞助形式等。

### 3. 审核与评定

每进行一次具体项目的赞助,都应对项目进行详细的分析和研究,结合该项目的赞助计划进行逐项的审核与评定,确定可行性、赞助的具体方式和款项,以及赞助的时机,以制定该项目的具体实施方案。

### 4. 具体实施

根据惯例,赞助会通常由受赞助者出面承办,由赞助单位给予适当支持。赞助会的举行地点,可选择受赞助者所在单位,也可租用社会上的会议厅。赞助会的具体程序如下。

(1)宣布赞助会正式开始。

赞助会的主持人,一般由受赞助单位的负责人或公关人员担任。在宣布正式开始前,主持人应请全体与会者各就各位,保持肃静,并且邀请贵宾到主席台上就座。

(2)奏国歌。

全体与会者起立,奏国歌。在奏国歌之后,可奏本单位的标志性歌曲。有时奏国歌、奏本单位的标志性歌曲可改为唱国歌、唱本单位的标志性歌曲。

(3)赞助单位正式实施赞助。

通常地,赞助单位的代表首先出场,口头宣布其赞助的具体方式或具体金额。随后,受赞助单位的代表上场,双方热情握手,由赞助单位的代表正式将标有金额的牌子双手交给受赞助单位的代表,嘉宾代表发言。在必要时,礼仪小姐应为双方提供帮助。若赞助的物资重量较轻、体积不大时,则可由双方当面交接。在此过程中,全体与会者热情鼓掌。

(4)赞助单位代表发言。

发言内容重在阐述赞助的目的和动机,可借此介绍本单位的概况。

(5)受赞助单位代表发言。

受赞助单位的主要负责人或主要受赞助者进行发言。发言的中心应当集中在表达对赞助单位的感谢。

(6)来宾代表发言。

根据惯例,可邀请政府有关部门的负责人讲话,主要目的是肯定赞助单位的义举,同时呼吁全社会积极倡导这种互助、友爱的美德。来宾代表发言有时可略去。至此，赞助会即可宣告结束。

5. 效果评估

赞助会的评估工作一般由赞助单位的公关部牵头负责，并形成书面报告，提交给本单位的决策机构及主要负责人，以供参考。重点评估四个方面的效果：一是将实施效果与预期计划比照；二是掌握社会各界对赞助会的认同程度；三是及时发现赞助会的优点与缺点；四是了解赞助会在实施过程中出现的问题。

### （四）茶话会礼仪

所谓茶话会，在商界主要是指联络老朋友、结交新朋友的具有对外联络和招待性质的社交性集会。因参加者不拘形式，可自由发言，并且备有茶点，故称为茶话会。与发布会、展览会、赞助会等其他商务性会议相比，茶话会是社交色彩最浓重、商务色彩最淡薄的一种会议类型，所以有人将其称为"商界务虚会"。

茶话会礼仪主要涉及茶话会主题、来宾确定，以及时空选择、位次安排、茶点准备、会议议程等方面。

1. 确定主题

茶话会的主题，特指茶话会的中心议题。在一般情况下，商界所召开的茶话会主题大致可分为如下三类。

（1）以联谊为主题。

召开茶话会是为了联络主办单位同与会的社会各界人士的友谊。在这类茶话会上，宾主通过叙旧与答谢，可以增进相互之间的感情，密切彼此之间的关系。这是平日所见最多的茶话会。

（2）以娱乐为主题。

在茶话会上安排文娱节目或文娱活动，并且以此作为茶话会的主要内容，这主要是为了活跃现场气氛，营造热烈而喜庆的氛围，调动与会人员的积极性。

（3）以专题为主题。

在某个特定的时刻或为了解决某些专门的问题而召开的茶话会就是以专题为主题的茶话会。

2. 来宾确定

主办单位在筹办茶话会时，必须围绕主题邀请来宾，尤其要确定好主要的与会者。

（1）本单位人士。

以本单位人士为主要与会者的茶话会，主要是邀请本单位的各方代表参加，意在沟通信息、通报情况、听取建议、奖励先进、总结工作。这类茶话会可邀请本单位的全体员工或某个部门、某个层级的人士参加。有时，它也叫作内部茶话会。

（2）本单位顾问。

以本单位的顾问为主要与会者的茶话会，意在表达对有助于本单位发展的各位专家、学者、教授的敬意。

（3）社会贤达。

所谓社会贤达，通常是指在社会上拥有一定的才能、德行与声望的各界人士。以社会上的贤达为主要与会者的茶话会，可使本单位与社会贤达直接进行交流，加深对方对本单位的了解与好感，并且倾听社会各界对本单位的意见或反馈。

（4）合作伙伴。

合作伙伴特指在商务往来中与本单位有一定联系的单位或个人。除了单位协作者，还应包括与本单位有着供、产、销等其他关系者。此类聚会也称联谊会。

（5）各方面人士。

有些茶话会会邀请各行各业的人士参加，这种茶话会通常叫作综合茶话会。以各方人士为主要与会者的茶话会，除了可供主办单位传递必要的信息，还可为与会者创造一个扩大个人交际面的社交机会。茶话会的与会者名单一经确定，应立即以请柬的形式向对方提出正式邀请。按照惯例，茶话会的请柬应提前半个月送达被邀请者手中，但对方对此可以不答复。

3. 时空选择

茶话会要想取得成功，其时间、空间的选择都是主办单位必须认真对待的事情。

（1）时间。

举行茶话会的时间主要指举行的时机、具体时间及时长。

① 时机。举行茶话会，首先要选择好时机。辞旧迎新之时、周年庆典之际、重大决策前后、遭遇危险和挫折之时等，都是召开茶话会的良机。

② 具体时间。根据国际惯例，举行茶话会的最佳时间是下午四点左右，也可安排在上午十点左右。

③ 时长。举办茶话会的时间可长可短，关键要看现场的具体情况。一般在一个小时至两个小时之间效果会更好。

（2）空间。

举行茶话会的空间指的是茶话会的举行地点、场所。按照惯例，适合举行茶话会的空间主要有：一是主办单位的会议厅；二是宾馆的多功能厅；三是主办单位负责人的私家客厅；四是主办单位负责人的私家庭院或露天花园；五是典雅、高档的营业性茶楼或茶室。餐厅、歌厅、酒吧等，均不宜用来举行茶话会。在选择举行茶话会的具体空间时，还要兼顾与会人数、支出费用、周边环境、交通安全、服务质量、档次、名声等问题。

4. 位次安排

在安排与会者的具体位次时，要与其主题相适应。

（1）环绕式。

环绕式不设立主席台，而将座椅、沙发、茶几摆放在会场的四周，不明确位次的尊卑，与会者自由就座。这种安排位次的方式，在当前最为流行。

（2）散座式。

散座式多见于室外举行的茶话会。即座椅、沙发、茶几等自由地组合、摆放，甚至可由与会者根据个人要求自行调节。其目的是创造一种宽松、舒适、惬意的社交环境。

（3）圆桌式。

圆桌式指的是在会场上摆放圆桌，请与会者在其周围自由就座的一种安排位次的方式。

通常分为下列两种具体的方式：一是仅在会场中央安放一张大型的圆桌，并请全体与会者在其周围就座；二是在会场上安放数张圆桌，请与会者自由组合，各自在其周围就座。当与会者人数较少时，可采用前者；当与会者人数较多时，可采用后者。

（4）主席式。

在茶话会上，主席式并不意味着要在会场上摆放主席台，而是主持人、主人与主宾被有意识地安排在一起就座，并且按照常规居于上座，如中央、前排、会标之下或面对正门之处。

一般来说，茶话会的位次尊卑不宜过于明显，且不摆名签。

5. 茶点准备

茶话会有别于正式的宴会，不上主食、热菜，不安排酒水，只向与会者提供一些茶点，以及精心准备待客用的茶叶与茶具。在选择茶叶时，应尽力挑选上等品，并注意照顾与会者的不同口味。对中国人来说，绿茶老少皆宜。而对欧美人而言，红茶则更受欢迎。最好选用陶瓷茶具，并且讲究茶杯、茶碗、茶壶成套，避免选用玻璃杯、塑料杯、搪瓷杯、不锈钢杯或纸杯，不要用热水瓶代替茶壶。茶具一定要清洗干净并且完好无损。

在茶话会上可准备一些点心、水果或地方风味小吃，要注意品种合适、数量充足，且便于取食，并同时将擦手巾送上桌。按照惯例，在茶话会举行之后，主办单位不为与会者备餐。

6. 会议议程

茶话会的会议议程，在各类正式的商务性会议之中最为简单，大体有如下四项。

（1）主持人宣布茶话会正式开始。

在宣布正式开始之前，主持人应当提请与会者各就各位，并且保持安静。而在正式宣布开始之后，主持人可对主要的与会者略加介绍。

（2）主办单位的主要负责人讲话。

主要负责人的讲话应以阐明此次茶话会的主题为中心，除此之外，可以代表主办单位对全体与会者的到来表示欢迎与感谢，并且恳请与会者今后一如既往地给予本单位以更多的理解、更大的支持。

（3）与会者发言。

根据惯例，与会者的发言在任何情况下都是茶话会的重点。为了确保与会者在发言时畅所欲言，主办单位通常事先不对发言者进行指定与排序，也不限制发言的具体时间，而是提倡与会者即兴发言。有时与会者在同一次茶话会上可以数次发言，以不断补充、完善自己的见解、主张。

（4）主持人略作总结。

主持人可对发言内容略作总结，随后即可宣布茶话会至此结束。

## 礼仪知识屋

### 广交会客户接待

中国进出口商品交易会（以下简称广交会），创办于1957年4月25日，每年春、秋两季在广州举办，由商务部和广东省人民政府联合主办、中国对外贸易中心承办，是我国历史上存在时间最长、层次最高、规模最大、商品种类最全、到会采购商最多且分布地区最广、成交效果最好的综合性国际贸易盛会，被誉为"中国第一展"。

广交会贸易方式灵活多变，除传统的看样成交外，还举办网上交易会。广交会以出口贸易为主，也做进口生意，还开展多种形式的经济技术合作与交流，以及商检、保险、运输、广告、咨询等业务活动。

在广交会，如果客户来展位，则接待人员无论面对大买家，还是小买家，对客户要同等重视，市场是不断变化和发展的，客户也是，不对大客户屈膝，也不对小客户蔑视，要做到一视同仁。客户一般都去看展品，接待人员要观察客户是否在仔细看展品（看展品的客户一般是核心采购客户），先和外围人员洽谈，不要打扰核心采购客户看展品。

作为接待人员，如果同时来了几个客户，但人手又不足时，一定要注意保持专注，不能接待了一个客户，还不停看另外一个客户，担心自己接待的是小客户，旁边等着的是大客户，或担心接待的客户的成交可能性小，旁边等待的客户的成交可能性大。专注不仅是对正在接待的客户的尊重，也是对等待的客户的尊重。

## 项 目 小 结

本项目主要介绍了人们在不同场合应注意的礼仪，阐述了不同场合应注意的位次礼仪，位次礼仪具体涉及的是位次的尊卑问题，该问题在日常生活和工作中无处不在，包括行进中的位次礼仪、会议中的位次礼仪、宴会中的位次礼仪等。此外，本项目强调在办公场所、商务会议中应遵循的基本礼仪。本项目可以帮助人们增强自信心，增进文明交往。

## 学习效果综合测试

【复习思考】

1. 会议通知包括哪些内容？
2. 会场座位格局有哪些类型？分别适合召开哪些会议？
3. 座区划分的方法有哪些？
4. 位次排列的礼仪要求是什么？
5. 主席台的位次安排应遵循哪些礼仪？
6. 简述接站服务的礼仪要求。
7. 参加会议应遵循哪些礼仪？
8. 什么是新闻发布会？现场的应酬礼仪包括哪些内容？
9. 如何进行新闻发布会的时空选择？
10. 展览会按照不同的标准划分为哪些类型？
11. 参展单位在参加展览会时应遵循哪些礼仪？

**【技能练习】**

1. 假设你是某公司的销售部经理助理,销售部准备针对销售问题邀请有关人员举办一场高效率的会议,同时借开会之机展示本部门的良好形象。请你拟定一份会议筹备方案,并要总结本部门人员参加会议的礼仪要求。

2. 班级自由分组,每组设计一个茶话会主题,拟定一份可行的茶话会方案。经老师及学生集体评议,选出最优方案,并组织实施。

**【案例分析】**

对不起,我的手机听筒坏了

小李和公司高层出差谈项目,在谈项目的过程中涉及一些资料需要及时由办公室传到现场,小李赶紧给同事小张发送微信文字信息。几分钟后,小李的手机频繁收到小张发送的微信语音信息,每一条都接近六十秒,小李知道在此时的洽谈环境中,如果点开微信语音信息,则会让对方觉得自己非常没有礼貌,于是他给小张不失礼貌地发送了一条文字信息:"对不起,我的手机听筒坏了,请发文字信息。"小张立刻发送了两条文字信息,要小李确认回传的资料是否正确。

如此简单的沟通差点就影响了项目的洽谈,可见在职场工作交流中要慎用语音信息。职场中的很多场合不适合听语音,即使可以听也可能因对方表达不清,或是接收者操作不当,而需要反复听很多遍,并且需要一字不漏地听完才能知道要传达的信息,既浪费了时间,也降低了工作效率。正因如此,微信六十秒语音功能被网友调侃为"大规模伤害性武器"。

**思考:** 你怎么看待微信六十秒语音功能被视为"大规模杀伤性武器"?

## 学 习 笔 记

学习重点与难点:




已解决的问题与解决方法:

待（未）解决的问题：

学习体会与收获：

## 讨 论 区

1. 你认为位次礼仪重要吗？
2. 谈一谈在办公室应注意哪些礼仪。

## 测 试 区

一、单选题

1. 与客人并排行进时（三人或三人以上），（　　）位置的人级别最高。
A. 中央　　　　　　B. 内侧　　　　　　C. 外侧
2. 出入无人控制的电梯时，陪同人员应该（　　）。
A. 先进后出　　　　B. 后进先出　　　　C. 两种都可以
3. 在办公室里，如果你和一位同事产生了一些摩擦，那么你应该（　　）。
A. 当面装作风平浪静，私下四处说人不是，一吐为快
B. 私下与之面谈商量，争取双方关系正常化，以和为贵
C. 不理不睬，见面不说话、不打招呼，形如陌路
4. 在使用公用复印机时，若发现复印机出现了故障，你应该（　　）。
A. 悄悄走开，不能让别人误解是自己所为
B. 赶紧请专业工作人员进行修理
C. 只和自己亲近的人说，其他人一概不予理睬

二、判断题（正确的在括号中写"T"，错误的在括号中写"F"）

1. 在轿车上，位次尊卑一般是右座尊于左座，后座尊于前座。（    ）
2. 客人任何时候都不能坐在副驾驶座上。（    ）
3. 社交应酬中，上座为副驾驶座。（    ）

三、多选题

1. 签字位次的排列，一般采用（    ）三种形式。
A. 并列式　　　　　B. 相对式　　　　　C. 主席式　　　　　D. 散座式
2. 同事之间相处应注意什么礼仪？（    ）
A. 保持一种平等、礼貌的合作关系，尽量做到相互包容和体谅。
B. 自己出现失误应主动向对方道歉。
C. 在经济往来上，向同事借钱应迅速归还，可以不打借条。
D. 不在背后议论同事，不说不利于团结的话，不损害他人的名誉。
3. 相对式排列（    ）。
A. 以右为尊　　　　B. 以左为尊　　　　C. 以外为尊　　　　D. 以内为尊

测试答案

# 项目五　沟通礼仪：语言艺术助成功

## 项目导读

本项目主要介绍沟通礼仪相关知识，包括沟通的内涵、作用、基本方式、障碍等，阐明沟通礼仪在职场中的重要性与运用。良性的沟通是走向成功的必要条件，作为一个现代人，我们不仅应该学会职场沟通方式，也要在日常生活中多掌握一些人际沟通的技巧，有助于建立的良好人际关系。

## 学习目标

知识目标：了解沟通的内涵、作用和基本方式。
　　　　　掌握有效沟通的技巧和沟通艺术。
　　　　　掌握乔哈里视窗和漏斗沟通原理。
技能目标：能够在日常生活中恰当地运用沟通技巧。
　　　　　能够结合所学沟通知识，适当运用于职场和人际沟通。
　　　　　能够遵守沟通礼仪的基本原则和要求。
素养目标：树立正确沟通意识。
　　　　　把对沟通礼仪的理解与认识用于日常的生活、工作和学习中。
　　　　　提升职业素养。

## 本项目数字资源

项目五　综合资源（微课+课件）

## 任务一　职场沟通礼仪

### 思政引领

#### 学会幽默

在某大学举办的一场辩论会上，甲方辩手提出问题："《摇篮曲》这首名曲享誉世界，乙方辩手认为这首名曲的精华是什么？"

乙方辩手竟一时无法作答，彼此之间面面相觑。

甲方辩手顺势补充了一句："乙方辩手为什么不作答，难道是睡着了吗？看来乙方辩手对《摇篮曲》理解得真透彻。"

对于这位甲方辩手所提出的问题，乙方辩手暂时无法作答，而甲方辩手补充的这两句话直接击中要害，"难道是睡着了吗""乙方辩手对《摇篮曲》理解得真透彻"，言外之意就是乙方辩手已无法作答了。此举既诙谐幽默，又将对手逼上了绝境。

人际关系学专家们的研究表明，一个正常人每天花 60%～80%的时间在说、听、读、写等沟通活动上。故此，一位智者总结道："人生的幸福就是人情的幸福，人生的幸福就是人缘的幸福，人生的成功就是人际沟通的成功。"

## 一、沟通的内涵

沟通（Communication）是人与人之间传递信息并为对方所接受和理解的过程，如图 5-1 所示。

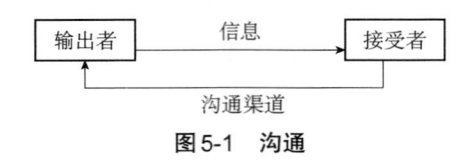

图 5-1　沟通

人与人的沟通包括输出者、接受者、信息、沟通渠道四个主要因素。

1. 输出者

信息的输出者就是信息的来源，他必须充分了解接受者的情况，选择合适的沟通渠道以利于接受者的理解。

2. 接受者

接受者是指获得信息的人。接受者必须从事信息解码工作，即将信息转化为其所能了解的想法和感受。这个过程主要受接受者的经验、知识、才能、个人素质，以及对信息输出者的期望等的影响。

3. 信息

信息是指在沟通过程中传给接受者（包括口语和非口语）的消息。同样的信息，输出者和接受者可能有着不同的理解，这可能是输出者和接受者的差异造成的，也可能是输出者传递了过多的不必要信息。

4. 沟通渠道

沟通渠道是信息传递的载体，可分为正式或非正式沟通渠道、向下沟通渠道、向上沟通渠道、水平沟通渠道。

### 礼仪知识屋

#### 沟通的重要性

一个秀才去买柴,他对卖柴的人说:"荷薪者过来!"(意思是挑着柴的人过来)卖柴的人听不懂"荷薪者"的意思,但是听得懂"过来"的意思,于是就把柴挑到秀才面前。秀才问:"其价如何?"卖柴的人听不太懂这句话,但是听得懂"价"这个字,于是告诉秀才价钱。秀才接着说:"外实而内虚,烟多而焰少,请损之。"(意思是柴外表是干的,里头却是湿的,燃烧起来,浓烟多而火焰小,请降些价钱吧)卖柴的人这次一个字都没有听懂,于是挑着柴走了。

人们在工作中的大部分错误是由于沟通不善,或者不善于谈话造成的。

## 二、沟通的作用

沟通不仅是获知他人思想、感情、见解、价值观的一种途径,而且是一种重要的、能有效影响他人和改变他人的手段。在以人为本的企业文化中,沟通的地位越发重要,人们所做的每一件事都需要经过信息沟通。

在沟通过程中,人们分享、披露、接收信息。根据信息的内容,其可分为事实、情感、价值取向、意见和观点。根据沟通的目的,其可以分为交流、劝说、教授、谈判、命令等。

综上所述,沟通的作用如图 5-2 所示。

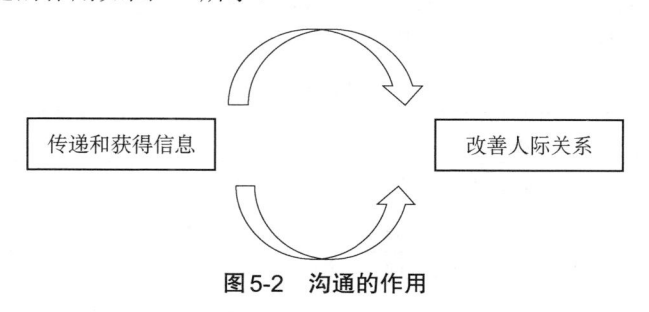

**图 5-2 沟通的作用**

1. 传递和获得信息

信息的采集、传递、整理、交换,无一不是沟通的过程。通过沟通来交换有意义、有价值的各种信息,生活中的大小事务得以开展。

掌握低成本的沟通技巧、了解如何有效地传递信息能提高人们的办事效率,而积极地获得信息更会提高人们的竞争优势。好的沟通者可以一直保持注意力,随时抓住重点内容,找出所需的重要信息,更透彻了解信息的内容,拥有最佳的工作效率,并节省时间与精力,获得更高的生产力。

2. 改善人际关系

社会是由人们互相沟通所维持的关系组成的网,人们相互沟通是因为需要同周围的社会环境相联系。

沟通与人际关系两者相互促进、相互影响。有效的沟通可以赢得和谐的人际关系,而和谐的人际关系又使沟通更加顺畅。相反地，人际关系不良会使沟通难以开展，而不恰当的沟通又会使人际关系变得更坏。

## 三、沟通的基本方式

沟通的基本方式主要包含语言沟通和肢体语言沟通。

### 1. 语言沟通

语言是人类特有的一种友好、有效的沟通方式。语言沟通渠道包括口头语言、书面语言、图片或图形（见表5-1）。

表5-1　语言沟通渠道

| 语言沟通渠道 | 举例 |
| --- | --- |
| 口头语言 | 面对面谈话、开会 |
| 书面语言 | 传真、广告、信函、E-mail等 |
| 图片或图形 | 幻灯片、电影 |

### 2. 肢体语言沟通

肢体语言非常丰富，包括手势、表情、眼神、姿态等（见表5-2）。实际上，人的声音也包含着非常丰富的肢体语言。例如，说话时的语气、语调，抑扬顿挫表示热情，突然停顿是为了制造悬念、吸引注意力，这些都是肢体语言的一部分。

语言更注重信息的沟通，肢体语言更注重人与人之间思想和情感的沟通。

表5-2　肢体语言沟通渠道

| 肢体语言 | 含义 |
| --- | --- |
| 手势 | 柔和的手势表示友好、商量；强硬的手势意味着"我是对的，你必须听我的" |
| 表情 | 微笑表示友善、礼貌；皱眉表示怀疑和不满意 |
| 眼神 | 盯着看可能表示感兴趣、寻求帮助 |
| 姿态 | 双臂环抱表示防御；开会时独坐一隅意味着傲慢或不感兴趣 |

### 3. 情景模拟

根据表5-3完成表演游戏。

表5-3　表演游戏

| 表情 | 表演内容 | 体会 |
| --- | --- | --- |
| 高兴的 | 问上级："我那里没车，怎么办？"<br>问下级："你工作完成了没有？" | 用不同的语气、语调传递的信息不一样 |
| 沮丧的 | | |
| 愤怒的 | | |
| 平和的 | | |
| 亲切的 | | |

## 四、乔哈里视窗

沟通学上有一个非常著名的理论叫乔哈里视窗，它很好地诠释了沟通的技巧。乔哈里视窗最初是由乔瑟夫和哈里在20世纪50年代提出的，它将人的内心世界比作一扇窗子，并被分为四个区域：公开区、盲点区、隐藏区、未知区，具体如图5-3所示。

|  | 自己知道 | 自己不知道 |
|---|---|---|
| 别人知道 | 我知道、他知道<br>公开区 | 我不知道、他知道<br>盲点区 |
| 别人不知道 | 隐藏区<br>我知道、他不知道 | 未知区<br>我不知道、他不知道 |

图5-3 乔哈里视窗

### 1. 公开区

公开区里是自己和别人都知道的信息，如自己的姓名、优点、缺点、家庭情况、部分经历和爱好等。公开区的信息具有相对性，有些事情对于一些人来说是公开的，而对于另一些人可能是不公开的，如自己的年龄、喜好对自己的父母、亲朋好友是公开的，对陌生人是不公开的。当一个陌生人问别人的年龄、喜好时，我们出于自我保护，一般不告诉他。

### 2. 盲点区

盲点区里是自己不知道，别人却知道的信息，如自己的处事方式、别人对自己的感受等。

### 3. 隐藏区

隐藏区里是自己知道，别人却不知道的信息，如自己的某些坎坷的经历、不幸的遭遇、曾经做过的傻事等。

### 4. 未知区

未知区里是自己和别人都不知道的信息，如自己从来没喝过酒，别人也没见自己喝过酒，偶然接待了一批客户，为了谈成这笔大生意，于是给客户敬了一杯酒并说明了原因，结果生意谈成了。

### 礼仪故事屋

#### 越国人请客

越国有一个人大摆宴席。

临近中午，还有几个客人未到，他自言自语："该来的怎么还不来？"听到这话，有些客人心想："该来的还不来，那么我不该来？"于是起身告辞。这人很后悔自己说错了话，连忙解释说："不该走的怎么走了？"其他客人心想："不该走的走了，看来我是该走的。"于是大家纷纷起身告辞，最后只剩下一位多年的好友。好友责怪他说："你看你，真不会说话，把客人都气走了。"那人辩解说："我说的不是他们。"好友一听这番话，顿时心头火起：

"不是他们，那只能是我了。"于是长叹了一口气，也走了。

### 五、沟通的障碍

沟通的障碍是指信息在传递和交换过程中，由于信息意图受干扰或误解，而出现沟通失真的现象。在人们沟通的过程中，常常会受到各种因素的干扰和影响，导致沟通出现障碍。

#### （一）沟通中的障碍

1. 发送者的障碍

（1）目的不明，导致信息出现不确定性。发送者在信息交流之前必须有明确的目的，即通过什么通道、向谁传递什么信息、并达到什么目的。

（2）表达模糊，导致信息传递不准确。若发送者口齿不清、语无伦次、闪烁其词或词不达意等，则都会造成沟通失真，使接收者无法了解对方所要传递的真实信息。

（3）选择失误，导致信息被误解的可能性增大。对传递信息的时机把握不准、缺乏审时度势的能力，信息沟通渠道或对象选择失误等，都会影响信息交流的效果。

（4）言行不当，导致信息理解错误。在使用语言和肢体语言（如手势、表情、姿态等）表达同样的信息时，一定要相互协调，否则会使人困惑不解。

2. 接收者的障碍

在人与人的沟通中出现障碍，除了发送者的原因，还有接收者的原因。接收者出现障碍的情况主要有：认知偏差、心理障碍、过度加工、思想观念差异。

（1）认知偏差。

每个人都有局限性，人与人之间的个性、价值观、文化修养、智商、教育背景等都存在差异，一定程度上导致人们对信息理解有偏差。人们在信息交流或人际沟通中，总习惯于以自己为准则，对不利于自己的信息，要么视而不见，要么熟视无睹，甚至颠倒黑白，以达到自我防御的目的。

"同样的职位，用男职员比用女职员好"，这句话存在认知偏差。社会学家证明，男女的智慧是差不多的，工作的耐力及对公司的向心力都没有明显差异，只是面对危险的事情时，女性的精神负担会比较大，或在粗重的体力任务面前，部分女性的表现弱一点，但是不能因此否定女性的工作能力。

职场对已婚和未婚女性的用人选择存在认知偏差。很多人在用人选择时，认为已婚的女性会经常关注家庭、孩子而无法专注于工作等，这是明显的认知偏差或偏见。

（2）心理障碍。

心理障碍会导致信息阻隔或中断。由于接收者在信息交流过程中曾经受到伤害和有过不良的情感体验，因此对信息发送者心存疑惑，拒绝接收信息，甚至抵制参与信息交流。

地位的差异容易使沟通中的主体造成心理障碍，影响信息的接收和理解。下级跟上级单独沟通，或者上级跟下级沟通，往往会因为地位差异造成一定的心理障碍。作为高层管理者，不要埋怨下级不来找自己，反而要自己主动去找他们沟通，不要一直坐在办公室里。上级主动拉近与下级的距离，在一定程度上有利于更好地了解自己的团队或公司的真实状况。

（3）过度加工。

过度加工会导致信息模糊或失真。接收者在信息交流过程中，有时会按照自己的主观意愿，对信息进行"过滤"和"添加"。在现实生活中，许多沟通失败的主要原因是接收者对信息过度加工，从而导致信息模糊或失真。

（4）思想观念差异。

思想观念差异会导致对信息的误解。由于接收者在认知水平、价值标准和思维方式上存在差异，往往会造成思想隔阂或误解，引发冲突，导致信息交流的中断及人际关系的破裂。

3. 沟通渠道的障碍

除了沟通中的主体会造成沟通障碍，沟通渠道也在一定程度上影响沟通效果。

（1）沟通渠道的选择。例如，有些重要的事情通过口头传达，可能效果不佳，无法引起接收者的重视。又如，重要病情不详细记录，只简单口头描述，可能会造成病情延误。不同媒介互相冲突，例如，有时口头传达的精神与文件不符，会造成矛盾。

（2）沟通渠道的长短。沟通渠道长，中间环节多，会使信息在传递过程中发生改变，甚至颠倒。

（3）不合理的组织结构。当一个组织的结构设置不合理，管理层次过多，信息传递程序及通路规定模糊，命令不统一时，常会导致信息沟通效率低下。

（二）漏斗原理

人际交往中的语言沟通，遵循一个沟通原理——漏斗沟通原理，如图5-4所示。

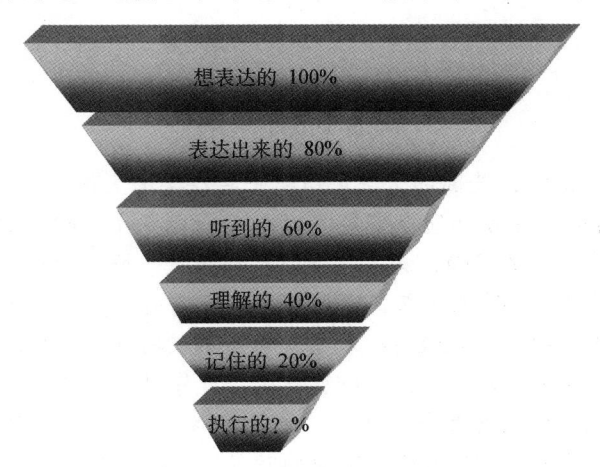

图5-4 漏斗沟通原理示意图

从图5-4不难看出，一个人想表达的是100%，但是能够表达出来的只有80%，能够被别人听到、听懂的就更少。

（三）沟通三要素

在日常生活和工作中，沟通是相当重要的一部分。良好的沟通可以改善人际关系，推进工作进展和提升个人能力。然而，想要进行有效的沟通，共情、倾听、尊重是三个关键因素。

共情，即能够理解和感受他人的情感和思想的能力，是沟通过程中最重要的元素之一。共情不仅可以增加人际关系的亲密度，也可以促进合作和提升解决问题的能力。在进行共情时，需要了解对方的情感和需求，尊重对方的立场，关注他们的情感状态，并表达理解和同情。通过共情，人们可以更好地理解对方的想法和感受，更好地调整自己的言行，并且建立更深层次的信任。

除了共情，倾听也是沟通过程中至关重要的一个方面。在倾听时，要确保能够理解对方的观点和意图，并表达自己的想法。倾听可以帮助人们更好地了解对方的思想和需求，从而更好地了解对方的工作和个人情况，有助于更好地协助和支持对方，并且在工作中取得更高效和更良好的成果。良好的倾听是进行更好沟通、建立更好人际关系和更好解决问题的前提。

在实际操作中，共情和倾听需要具备一定的技巧，这就需要做到尊重对方。面对困难或矛盾，要主动倾听对方的情绪和需求，尝试理解对方的立场和想法，而不是简单地表达自己的观点。面对他人的表达，要耐心地聆听和理解，积极表现出自己的理解和支持。此外，倾听需要做到专注和自我反省。不能轻易地打断别人的谈话，要格外注意自己的情感和言辞，让对方感到有保障和被尊重。

正确认识和运用沟通三要素，可以使沟通更加顺畅和有效。成功的沟通主要体现在能够达成共识，从而解决问题。

# 任务二　职场沟通技巧

**思政引领**

沟通小故事一则

1986年哈雷彗星回归时，某国部队决定组织士兵在操场集体观看，命令逐级下达。营长对连长转达命令："明晚八点可见到哈雷彗星，约七十六年才回归一次，团长命令士兵身穿野战服到操场集合观看。如果下雨，就去礼堂，在那里放一场关于哈雷彗星的电影。"

连长对排长转达命令："明晚八点在操场可见到哈雷彗星，约七十六年才回归一次。如果下雨，团长就命令士兵身穿野战服前往礼堂，哈雷彗星将在礼堂出现。"

排长对班长转达命令："明晚八点，哈雷先生将身穿野战服在操场上出现。如果下雨，团长命令士兵与哈雷先生到礼堂看哈雷彗星，这命令约七十六年才下达一次。"

班长对士兵转达命令："明晚八点，下雨的时候，七十六岁的哈雷将军将在团长的陪同下，身穿野战服，开着彗星牌汽车，经操场驶向礼堂，向士兵下达命令。"

看完这则沟通小故事，你有何启示？

在职场中，要想实现自己的目标，面对形形色色的人，就不能只靠热情、愿望和承诺，还要靠与他人沟通。面对不同的沟通对象，要采取不同的沟通方法、适当的沟通技巧。

## 一、表达

俗话说："良言一句三冬暖，恶语伤人六月寒。"语言可以给人以勇气、快乐和欣慰，同样可以给人以伤害、难受和愤怒，可见在沟通中注重表达的技巧非常重要。

### （一）有效表达的准则

将"表达"拆分："表"是把自己的思想和感情表现出来，"达"是让对方清楚地知道自己的思想和情感。在沟通过程中，只要做到善于"表"，注重"达"，就能达到良好的沟通效果。在职场中，想借助表达技巧，达到良好的沟通效果，需要做到以下几点。

1. 信息应当直接

有效自我表达的首要条件，是知道什么时候该说什么。人们并不了解别人的所思或所求，不直截了当会让表达者付出巨大的情感代价。例如，有些人明知需要沟通，但害怕这样做，相反地，他们却试图暗示或告诉第三方，希望自己的所思、所感最终能传递到对方耳里，这种拐弯抹角的做法是有风险的，暗示常常会被误解或忽视。

2. 信息应当及时

如果感到痛苦或生气，或需要改变什么时，延误沟通则会恶化感受，愤怒可能会郁积在心里，受挫了的需求可能会变成心里长久的隐痛，没有及时表达的感受会在日后以微妙的或暗中较劲儿的方式表达出来。

有时候，没表达出来的感受像一个膨胀的气球，稍稍一刺就会爆炸，以宣泄长期积累的愤怒和不快，但大发脾气会使家人和朋友疏远。迅速、及时地沟通不仅能及时反馈状态，增加人们知道双方的需求并相应调整其行为的可能性，更能增加亲密感。即时沟通令人感动，有助于巩固关系。

3. 信息应当清楚

清楚的信息可以完整而准确地反映一个人的思想、情感、需求，因此不要遗漏任何信息，也不要用含糊或抽象的话来蒙人。有的人不敢说出自己的真实想法，因此在说话时使用含混不清的理论术语，一切都用"感情共鸣"或心理学的解释来说明。确保信息清楚有赖于个人的意识，因此必须知道自己观察到了什么，以及该有怎样的反应。自己在外界的所见、所闻很容易与内心的所思、所感相混淆，要想清楚地表达自我，就要花足够的精力去区分。

4. 信息应当直白

直白的信息是指说出来的目的与真实的沟通目的是一致的。伪意图和潜台词会破坏亲密关系，因为它们使人处于一个操纵别人而非平等待人的位置，当信息能直白地表达出来时，真心实意才会打动对方。

要让信息直白，就要讲事实和真相，说明真实需求和感受。如果真的很生气，并想得到更多的关注，就不要说自己累了，或想回家了；不要因为配偶说自己的爱人爱发火，其爱人就说自己得了抑郁症。说谎会切断自己和别人的联系，若为了保护自己而撒谎，就与直白背道而驰了。

5. 信息应当具有激励性

信息具有激励性是指让对方能够听下去，不至于掉头就走。

## （二）有效表达的要点

沟通是双方互动的行为，也是相互了解、相互回应的行为，并且能够经由沟通达成共识，这是沟通的最终目的。要做到有效表达，需要注意有效表达的要点。

### 1. 时间恰当

假设你将与听众进行一场谈话，你自己或委托秘书去安排某一时间段，使你和听众在谈话时不受外界的影响，如果事情很重要，则可以安排一段较长的时间。同时，尽量估计一下时长，告诉听众谈话将进行多久，尽量在估计时间内结束。

### 2. 地点恰当

认真思考要表达的事情，即什么样的事情需要一个正式的场合，什么样的事情可以在一个较为轻松或随意的环境下进行。并且还要思考一下在表达时是否会受到干扰。一般情况下，同听众以正式的方式进行交谈，需要一个不受干扰的环境，不要一会儿走进一个人要签字，一会儿又走进另一个人要处理其他事情，这样会打断交谈的思路，同时也会分散听众的注意力，不利于进行有效表达，有时甚至会产生意想不到的后果。

### 3. 考虑听众情绪

表达应当确切、简明、扼要和完整。说话拖泥带水，表达含糊不清，或自以为听众没有明白，一直重复一个观点，这很快就会使听众丧失继续听下去的耐心。所以，在进行表达之前，应尽量做好准备，把要达到的目的、主要内容、如何进行表述粗略地组织一下。

### 4. 强调重点

强调重点可以告诉听众什么内容需要他们格外重视。表达者可以在有重点的地方停顿一会儿，或重复一遍，或征询听众的看法，这样就会避免出现讲了半天，听众听得云里雾里，最后不知道表达者究竟要说什么的尴尬局面。

### 5. 语言与肢体语言表达一致

肢体语言有时会加强表达，使语言表达更有力，但要注意，有时会起到相反的作用。

### 6. 确认听众是否明白

在表达的过程中，表达者要花些时间确认听众是否明白其所表达的内容，尤其对于重点内容，可以适时停下来，问一下听众明白不明白，或者采取提问相关内容的方式了解听众的状态。如果听众没有完全明白表达者所表达的内容，则重复一遍，或采用其他方法再讲一遍。这样便于及时发现问题，调整表述方法，虽然看起来浪费了时间，但总比花时间讲一大段内容，最后听众没明白来得好。

### 礼仪故事屋

#### 孔子的说话艺术

孔子有两名弟子在政治方面颇有成就，一个叫子路，一个叫冉有。有次子路问孔子："闻斯行诸？"（意思是听到了好的事情就立刻实行吗）孔子回答："有父兄在，如之何其闻斯行之？"（意思是要考虑家庭情况，看父兄是否同意）。然而，当冉有去问同一个问题时，孔子就很肯定地回答："闻斯行之。"（意思是听到了就要立刻实行）孔子截然相反的回答使得另一个弟子公西华大惑不解，于是问孔子缘由。孔子说："求（冉有）也退，故进之；由（子路）也兼人，故退之。"这是说，冉有比较胆怯，所以就鼓励他，推他走快一点；而子路个性好胜，所以就有意抑制他，让他缓和一些。

## 二、倾听

做好与他人沟通，并不只是要求我们用良好的语言表达能力、良好的思维逻辑能力去判断对方话语的正确性，沟通的真谛在于更多地使对方展示才华，而非炫耀自己。

上帝给人类两只耳朵、一张嘴巴，是要人类多听少说。著名励志大师戴尔·卡耐基曾经说过："专心听别人讲话的态度是我们所能给予别人最好的赞美。"由此可见，倾听对别人、对自己都是有好处的。

反省自己是否做过以下不好的倾听行为。

（1）打断别人的谈话。

（2）注意力分散。

（3）回避眼神交流。

（4）不停地抬腕看表。

### （一）倾听的技巧

倾听是沟通的基础，可以使同事、下级或上级乐意讲述甚至倾诉，令对话持续不断。倾听有利于消除隔阂、减少误会，还可以了解同事、下级或上级的感受、观点与需求。

人通常都很自我，总喜欢表达，却忘了别人也有同样的表达需求，因此懂得倾听不失为一种艺术。在倾听的过程中，要掌握一定的技巧。

#### 1. 保持适当的视线接触

在倾听时要保持适当的视线接触，目光对视是对他人的基本尊重。有的人在说话的时候，喜欢看着没人的地方，虽然本意不是轻视对方，但给人的感觉很不舒服。在别人说话时，我们不仅要用耳朵去倾听，更要用目光去关注，如此才能鼓励别人敞开心扉。

#### 2. 不要随便打断对方

在倾听的过程中，注意不要随便打断对方，应该先等对方将自己想表达的内容说完，再讲述自己的观点。如果别人未表达完，我们就急于讲述自己的观点，这容易把倾听演变成争论。

**礼仪故事屋**

### 巴顿将军小趣事

巴顿将军为了显示他对士兵生活的关心，组织了一次参观士兵食堂的活动。在士兵食堂里，他看见两个士兵站在一口大汤锅前。

"让我尝尝这汤！"巴顿将军向一名士兵命令道。

"可是，将军……"这名士兵正准备解释。

"没什么'可是',给我勺子!"巴顿将军拿过勺子,喝了一大口,怒斥道:"太不像话了,怎么能给士兵喝这个?这简直就是刷锅水!"

"我正想告诉您这是刷锅水,没想到您已经尝出来了。"这名士兵答道。

【启示】只有善于倾听,才不会做出愚蠢的事。

---

在交流时不注意倾听,会产生误会甚至曲解,所以在办公室里听同事说话时,应该做到:听话不要只听一半,不要把自己的意思,投射到别人所说的话里面。

### 3. 适当重复

在听别人说话时,听完之后最好将对方所说的话进行简单概括,并且复述给对方听,以显示出自己在用心听别人说话,而且还在和别人一起思考,这样做会让别人感觉找到了知音。概括别人所说的话并且简要复述,这是一种确认,并非否定别人,因此应该尽量避免使用太多的否定词,不管别人的观点是否合理。

### 4. 适时展示赞许的表情

在职场沟通中,不仅需要听对方讲话,有时还要根据对方讲话的内容,表达自己的赞许,但是在对方讲话时又不适合打断对方,这时表情就很重要。在倾听对方讲话时,适时展示赞许的表情不仅能表明自己的观点,还能鼓励对方说下去,更有利于开展职场沟通。

### 5. 不要做一些分心或不恰当的举动

在职场中与人沟通时,要全身心地投入,特别是一些重大的谈判,更需要打起十二分的精神,所以在倾听时不要做一些分心或不恰当的举动。分心或者不恰当的举动不仅会影响对方表达,还会直接影响自己的职业形象和职业素养。

### 6. 不要以自我为中心

在良好的沟通要素中,话语的重要程度占7%,音调占38%,而剩下的55%则完全是非言语信号。人们在沟通时,会在不知不觉中被自己的想法缠住,而漏失别人透露的语言和非语言信息,所以在沟通时千万不要以自我为中心,让自己成为沟通的最大障碍。

### 7. 抱着负责任的态度

负责任的态度能增加我们与他人对话成功的机会。在参加任何会议前,都要妥善准备,准时出席,不要随意退席或离席,而且要集中注意力,不要坐立不安、抖动身体或看表。如果我们能决定会议的场地,则选一个不会被干扰且噪声小的地方。如果是在办公室,则要挪除有权威障碍、妨碍沟通的办公桌,站或坐在谈话对象的身旁。如此,会让对方觉得有诚意。

### 8. 不要预设观点

如果一开始就认定对方很无趣,就会不断从对话中设法验证自己的观点,结果听到的都会是无趣的。

### 9. 要学会听言外之意

即使听自己最喜爱的人说话,也容易只听到表面的含义,而忽略了言外之意。"你的钱用光了？这是什么意思？全家人都只晓得拼命花钱！"这番气冲冲抨击的话可能与家庭的开支无关，其真正的含义是"今天的工作已经把我折腾够了，我正想发脾气"。

善解人意的人，便听得出这番气话隐藏着委屈和挫折。在较为心平气和时，只用说一两句表示关心的话，比如，"你看起来很疲倦，今天很辛苦吧？"，就可帮助一个满腹牢骚的人，以不伤感情的方式消气。

### （二）积极倾听

**1. 集中精神**

在倾听时要选择适宜的环境，营造轻松的气氛。随时提醒自己，通过交谈到底要解决什么问题，在倾听时应保持与对方的眼神接触。

注意把握时间的长短，如果没有语言呼应，而只是长时间地盯着对方，则会使对方感到不安。要努力保持头脑的警觉，不仅要用耳朵听，而且要用整个身体去感受。

**2. 采取开放式态度**

采取开放式态度意味着要控制自身的偏见和情绪，克服先入为主的想法，在开始沟通之前培养自己对对方感受和意见的兴趣，做好准备，积极适应对方的思路，理解对方说的话。

**3. 积极预期**

努力推测谈话者可能想表达的意思，有助于更好地理解和体会对方的感情。但是"预期"并不等于"假设"，并不是我们假设了对方的想法，对方就真的这样想，如果我们过于坚信自己的假设，就不会再认真倾听了。

**4. 鼓励**

用带有鼓励性的语言使对方能够尽可能地把自己的真实想法说出来，以便于了解更多的信息，采取相应的策略。比如，"您说得非常有价值，请您讲下去！"

**5. 恰当的肢体语言**

给对方回应恰当的肢体语言，表明自己准备或者正在倾听，倾听时的肢体语言有以下需要注意的。

（1）可以示意，使周围的环境安静下来。

（2）身体坐直，拿出笔记本。

（3）身体稍微前倾，表示正认真倾听。

（4）稍微侧身面对对方。

（5）目光集中在对方身上，显示自己给予信息发出者的充分注意。

（6）在突然有电话打进来时，可以告诉对方一会儿再打过来。

（7）不要东张西望，或若有所思。

（8）不应跷起二郎腿，或双手抱胸，这样容易使对方误以为不耐烦、抗拒或高傲。

### （三）正确地发问

倾听不仅需要听，在关键时候还需要发问，因此必须掌握正确的发问方式，以获取更多信息。

1. 开放式发问

开放式发问能够给予对方发挥的空间，讨论范围较大的问题以获取信息。即使不想知晓答案，也要发问，因为这样可以使自己借此观察对方的反应和态度的变化。

常用语包括：谁、什么时候、什么、哪里、为什么、怎么样、请告诉我。

2. 清单式发问

以清单式发问提出有多种可选择的问题，目的在于获取信息，鼓励对方按优先顺序进行选择性回答。

比如，"目前，公司员工士气低落，您认为是什么原因造成的？市场环境恶劣？工作压力太大？待遇不理想？"

3. 假设式发问

假设式发问能让对方想象，探求对方的态度和观点，目的在于鼓励对方从不同角度思考问题。

比如，"假设你们事先考虑了这个问题，结果会怎样？"

4. 重复式发问

重复式发问可以确认对方的真实意图，目的在于让对方知道自己听到了信息，并检查信息是否正确。

比如，"你谈到的想法是……""你刚才说的是……""如果我没有听错……""让我们总结一下好吗？"

5. 激励式发问

激励式发问的目的在于表达对对方所说信息的兴趣和理解，鼓励对方继续同自己交流。

比如，"您说的是……这太有意思了，当时您是……""刚才提到的太有挑战性了，那后来……""这太令人激动了，您可不可以就……再多分享些经历？"

6. 封闭式发问

封闭式发问的目的在于得到肯定和否定的答复，常用语包括：是不是、哪一个、或是、有没有、是否等。

比如，"过去是否发生过类似的情况？""对于这两个方案，你更倾向于哪一个？"

## 三、沟通艺术

无论是在人际交往中，还是在商务谈判中，甚至是在同事关系的处理中，良好的沟通都是前提。如果不是善于交流的能手，那么就试着学习和应用沟通艺术，不断提升自己。

在沟通中，有效的沟通艺术主要有巧妙赞美、换位思考、风趣幽默、委婉含蓄。

1. 巧妙赞美

赞美是一种成本最低、回报最高的人际交往法宝。适当赞美可对沟通、交流起到推动的作用。

在职场沟通中，需要掌握赞美的技巧。其一，赞美要别出心裁，赞美的关键不在于赞美什么，而在于怎么赞美。其二，赞美要发自内心，赞美可以没有华丽的辞藻，但是真诚一定可以打动他人。其三，赞美要尽量抽象，把具体的事情提高到抽象的角度。比如，在被一张照片打动时可以说"这张照片的色调真是太美了"或者"构图真棒"，但更出色的赞美是"你真是一个伟大的摄影家，你总是那么有洞察力，你的照片就像你的第三只眼，透过它呈现出来的世界是那么动人"。其四，赞美不要泛滥，比如，对一个人的赞美，可以从不同角度、不同方面表达，避免边际效用递减。

2. 换位思考

换位思考是设身处地为他人着想，即一种想人所想的关于人际关系的思考方式。人与人之间要互相理解、信任，并且要学会换位思考。人与人之间交往的基础是互相宽容、理解，多站在他人的角度思考。

在职场沟通中，我们如何换位思考以加强沟通效果呢？其要领包含：充分理解对方；设身处地地从对方角度去思考问题；对别人的沟通进行客观评价；能专注地与人沟通。

3. 风趣幽默

风趣幽默是智慧的体现，在平时的交往中，如果能使用一些风趣幽默的语言，则会取得出人意料的效果，不仅能活跃气氛，还能很好地表达自己的观点和思想。

在职场沟通中，风趣幽默的人往往更受欢迎。那么，风趣幽默有什么表达技巧呢？

风趣幽默的表达技巧主要包含使用双关语、使用模仿语言、正话反说、有意曲解、自嘲、夸张等。

### 礼仪故事屋

#### 马克·吐温小趣事

马克·吐温有一次坐火车到大学讲课。因为离讲课的时间已经不多了，他十分着急，可是火车开得很慢，于是他想出了一个发泄怨气的办法。

当列车员过来检票时，马克·吐温递给他一张儿童票。这位列车员挺幽默，故意仔细打量，说："真有意思，看不出来您还是个儿童啊！"

马克·吐温回答："我现在已经不是孩子了，但我买火车票时还是孩子，火车开得实在太慢了。"

4. 委婉含蓄

委婉含蓄的表达更容易被他人接受，他更能表现对他人的尊重，达到有效沟通的目的。很多时候，委婉含蓄胜过口若悬河。在交际生活中，处处需要含蓄委婉的表达。学会委婉含蓄，可增强交际效果。

（1）委婉含蓄拒绝他人。

在职场中，常常会面对他人的盛情邀请或无理要求。若在回复时说话太轻，则达不到拒绝的目的；若说话太重，则又会伤害对方的感情。这时要学会说"不"，就需要掌握巧言相拒的技巧，委婉含蓄拒绝他人，能把拒绝所带来的遗憾降到最小。

委婉含蓄拒绝他人的技巧包括：找个理由拒绝，让对方自行解决问题，让上级安排工作重点。

（2）委婉含蓄批评下级。

在现实生活中，直截了当地批评他人，很容易激起他人的愤怒，甚至会招致他人对自己产生厌恶感。所以在职场中，如果作为上级，在下级工作出现了失误而批评下级的时候，为了不伤害对方的自尊心，且使其更容易接受，达到"忠言不逆耳"的效果，那么可以委婉含蓄批评。

一要讲究委婉含蓄，忌讳大发雷霆；二要体谅对方的自尊心；三要不在公众场合进行批评；四要采取先扬后抑的方法；五要遵循听取申诉的原则。

无论在什么场合，委婉含蓄的表达永远比直截了当的表达更能让人接受。

## 项 目 小 结

沟通礼仪在现代社会中非常重要。通过沟通礼仪，人们可以与他人更好地相互交流和理解，有效地解决问题，建立良好的人际关系。

沟通是为了实现设定的目标，把信息、思想和情感在个人或群体间传递，并达成共同协议的过程，即在人与人之间传递信息并为对方所接受和理解的过程。沟通包含信息的发送者、接收者、沟通信息、沟通渠道。沟通能够传递和获得信息，通过沟通能够改善人际关系。沟通可以分为语言沟通和肢体语言沟通。

乔哈里视窗很好地诠释了沟通技巧，漏斗沟通原理很好地诠释了沟通障碍。

实现有效沟通，要注意沟通的环节和沟通的技巧。有效的沟通除了要做到有效表达、有效倾听，还要掌握沟通艺术，学会巧妙赞美、换位思考、风趣幽默和委婉含蓄的表达，增强沟通效果。

沟通不仅是为了人与人的交流，更是为了解决问题。作为现代人，我们学会正确的沟通方式，掌握沟通技巧，能够更好地助力我们实现成功人生。

## 学习效果综合测试

1. 什么是沟通？沟通的作用、沟通的障碍分别是什么？
2. 乔哈里视窗和漏斗沟通原理具体指什么？
3. 简述有效沟通应做到哪几点？
4. 结合现实，分享你在生活中运用沟通艺术增强沟通效果的经历。

## 学 习 笔 记

学习重点与难点：

已解决的问题与解决方法：

待（未）解决的问题：

学习体会与收获：

## 讨 论 区

1. 你认为实现有效沟通需要注意哪些方面？
2. 谈一谈运用沟通艺术的经历。

## 测 试 区

一、单选题

1. （　　）是人与人之间传递信息并为对方所接受和理解的过程。
A. 沟通　　　　　B. 发送者　　　　　C. 接收者　　　　　D. 表达
2. 根据漏斗沟通原理，我们可以说心里想的，但表达出来的通常只占（　　）。
A. 20%　　　　　B. 40%　　　　　C. 60%　　　　　D. 80%

二、判断题（正确的在括号中写"T"，错误的在括号中写"F"）

1. "良药苦口，忠言逆耳"，在批评或提建议时做到直截了当，效果更好。　　（　　）
2. 谈话、开会、信函等都属于语言沟通方式。　　　　　　　　　　　　　　（　　）

3. 个人的处事方式或者别人对你的感受，属于盲点区。　　　　　　　　（　　）

三、多选题

1. 乔哈里视窗主要包含（　　　）。
A. 公开区　　　　　B. 隐藏区　　　　　C. 盲点区　　　　　D. 未知区
2. 沟通的基本方式主要有（　　　）。
A. 肢体语言沟通　　B. 语言沟通　　　　C. 音乐　　　　　　D. 美术
3. 沟通过程主要包含（　　　）。
A. 发送者　　　　　B. 接收者　　　　　C. 沟通信息　　　　D. 沟通渠道
4. 有效表达的要点有（　　　）。
A. 时间恰当　　　　B. 地点恰当　　　　C. 强调重点　　　　D. 准备不充分
5. 属于正确发问的有（　　　）。
A. 鼓励式发问　　　B. 重复式发问　　　C. 开放式发问　　　D. 假设式发问
6. 赞美的技巧主要有（　　　）。
A. 别出心裁赞美　　　　　　　　　　　B. 发自内心赞美
C. 尽量具体赞美　　　　　　　　　　　D. 不同角度赞美

测试答案

# 项目六　国际礼俗文化：知礼、用礼显风范

## 项目导读

本项主要介绍国际礼俗文化相关知识，阐明商务礼仪和主要禁忌相关内容，包括亚洲（因中国已在前文有详细介绍，在此不再重复介绍，望读者周知）、欧洲及北美洲、非洲及大洋洲等的主要国家。在工作中，企业工作人员在国际商务沟通中需要掌握各种国际礼俗文化，促进交流和沟通。

涉外交往首先应遵循的原则是维护形象，时刻牢记自己的言行举止代表一个国家的形象。维护国家形象、民族形象，言行举止要大方、端庄。在与外国友人交往时注意保持尊严，不卑不亢，真诚友好；不能崇洋媚外，不自卑、不自贬。同时要注意了解、观察对方的宗教信仰、民族习俗，避免触犯当地法规和民俗禁忌，从而引起误会和麻烦。

## 学习目标

**知识目标：** 了解国际礼俗文化的特点和作用。

**技能目标：** 深化对国际礼俗文化的理解，能够在日常生活中恰当地运用。
能够运用所学知识分析自身行为是否符合礼仪规范。

**素养目标：** 具有国际视野并且能够掌握国际礼俗文化。
把对国际礼俗文化的理解与认识运用于日常的生活、工作和学习中。
提升职业素养。

## 本项目数字资源

项目六　综合资源（课件）

# 任务一　亚洲主要国家

**思政引领**

### 民族交流和文明互鉴视角下的丝绸之路

"一带一路"（The Belt and Road，B&R）是"丝绸之路经济带"和"21世纪海上丝绸之路"的简称。依靠中国与有关国家既有的双多边机制，借助既有的、行之有效的区域合作平台，"一带一路"旨在借用古代丝绸之路的历史符号，高举和平发展的旗帜，积极发展与合作伙伴的经济合作关系，共同打造政治互信、经济融合、文化包容的利益共同体、命运共同体和责任共同体。

随着中国共建"一带一路"倡议的深入推进，古丝绸之路作为东西方交流的大通道，将会焕发出新的生机和活力。千百年来，丝绸之路承载的和平合作、开放包容、互学互鉴、互利共赢精神薪火相传，不仅推动了中华民族共同体的形成、发展，也构建了不同国家和不同民族之间及东西方之间关系所遵循的基本原则，造就了丝绸之路对于人类文明的贡献。

共建"一带一路"倡议继承和弘扬了文明的交流互鉴。"一带一路"不只是一个空间概念和经济合作倡议，还是一个建立在历史文化基础之上的文化交流纽带，是用文化将历史、现实与未来连接在一起而成为中国面向全球化的一体发展架构。文明因交流而多彩，文明因互鉴而丰富，古代丝绸之路打通了东西方两大文明交流的通道，而"一带一路"倡议使文化的传播、文明的交融愈益深广，进一步促进中国与世界各国多方面更广泛的交流合作，推动人类文明创新，为构建人类命运共同体建设了共享共有共栖的精神家园。

（资料来源：《人民政协报》）

请思考：1. "丝路"精神为何能传承千年？
2. 涉外礼仪的基本原则和基本要求分别是什么？

## 一、日本

日本，全称为日本国，意思是日出之国，是位于东亚的岛屿国家，主体民族为大和族，通用日语。该国的部分中老年人会汉语，大部分商人会英语。日本的主要宗教有佛教、基督教、神道教，有许多日本人兼信两种以上的宗教。日本至今保存着茶道、花道、书道等日本道文化，有"经济大国""樱花之国"等美称。日本是我国重要的贸易伙伴之一。

### （一）商务礼仪

日本人非常重视礼仪。与日本商人打交道，要注意服饰、言谈举止的风度。

1. 鞠躬

在日本，一切言语问候都伴随着鞠躬，鞠躬几乎可以代替任何言语问候。在鞠躬时弯腰的深浅不同，其含义也不同。在行鞠躬礼时，鞠躬角度的大小、鞠躬时间的长短及鞠躬次数的多少，往往与向对方所表示的尊敬程度成正比。弯腰最深且最礼貌的鞠躬称"最敬礼"，微微鞠躬称"会释"。男女鞠躬的形式有区别,男士双手垂下,贴腿鞠躬;女士一只手压着另一只手,放在身前鞠躬。有时,日本人会在与人握手的同时鞠躬表示致敬。

2. 微笑

日本人一般比较含蓄,他们在谈笑时声音很小,不能容忍哄然大笑。日本人在谈话开始时就面带微笑,并将笑容保持很长一段时间。若在谈判桌上,就很难猜透日本人真实的面部表情。

3. 坐姿

日本人对坐姿极为讲究,不管是坐在椅子上,还是坐在榻榻米上,晚辈都不能在长辈面前跷二郎腿。当拜访日本公司时,会面通常是在会议室进行的。而且,一般会将客人先领到会议室,主人会稍迟几分钟出现,并逐一与每一位客人进行名片交换。客人不能随随便便坐到贵宾位上,应一直站着等主人进来让座。

4. 衣着

日本人在正式场合特别注重形象,且在公开场合一般穿西服。如果出席日本的宴会或其他活动,则一定要衣着整齐;否则会被认为不重视活动。在访问日本期间,要确保有一套整洁的服装在身边,以备不时之需。

5. 问候

日本人在初次会见商务上的客人时,总会先花几分钟时间询问客人在途中的情况,并询问他们以前见过的该客人的某位同事的情况,然后停顿片刻,并希望客人做出同样行动。接下来,日方高层会描述日方公司同客方公司之间的各种关系,此时,客人最好向日方高层转达本公司高层的问候。如果日方在询问时有意略过某人,则暗示不喜欢此人。

6. 名片

对日本人来说,交换名片是最简洁而又不使双方感到尴尬的人际交流方式。与他人初次见面,通常都要交换名片(见图6-1),否则被理解为不愿与对方交往。在日本,社会等级森严,在使用名片时,要注意以下事项。

图 6-1 交换名片

（1）印名片时，最好一面印中文，一面印日文，且名片中的头衔要准确地反映自己在公司的地位。

（2）在会见日本商人时，应按职位高低依次交换名片。在交换名片时，让印有字的一面朝上并伸直手，微微鞠躬，各自把对方的名片接到右手上。

（3）在接到名片后，一定要研究上面的内容。之后，要说"见到你很高兴"等话语，并读出其名，同时再鞠躬。记得在其名后加上"SAN"（日语"先生"的读音，男女均如此）的发音。请注意，在日本公司的一个部门里不会有两个头衔相同的人，不管他们职位多么接近，一定有细微差别，否则会冒犯到职位高的人。

（4）在同交换过名片的日本人再会面时，千万不能忘记对方的名字，否则日本人会认为自己受到了侮辱。

### 7. 宴会

日本人在吃饭时，通常将各种菜肴一起端上来，但顺序是先喝汤，然后从盘、碗中夹菜。在用餐过程中，吃得很慢，总是用左手端汤或饭碗，用筷子另一头从公盘中夹菜，在结束用餐前，不撤走空盘。而且在开始吃饭时要说"我要吃饭了"，吃完要说"我吃饱了"。

### 8. 送礼

在日本，晋升、结婚、生孩子、生日、过节等都会送礼，这种礼仪既是历史遗风，又被赋予了时代新意。在日本，商业性送礼是件很花钱的事情，他们在送礼上的慷慨大方有时令人惊讶。送礼通常发生在社交场所，如在会谈后的餐桌旁。同时，最好说些"这不算什么"之类的话。另外，要注意日方人员的职位高低，礼物要按职位高低分成不同等级。

日本人不喜欢在礼品包装上系蝴蝶结，而用红色的彩带包扎礼品，象征身体健康。不要给日本人送动物形象的礼品；忌用梳子、手绢作为礼品；探望病人时忌送菊花、山茶花、仙客来花，以及白色的花和淡黄色的花；忌送印有菊花图案的礼品，因为那是皇室的标志。

### 9. 点头

日本人在商务谈判中往往不明确表态，常给对方模棱两可、含混不清的印象，甚至会因此产生误会。日本人在倾听对方阐述的意见时，虽然会一直点头，但这并不表示他们同意对方的看法和主张，而仅仅表示他们听见了对方说的话。

### （二）主要禁忌

日本人忌偶数，喜欢奇数，但"9"是例外。由于日语中"4"和"死"的发音相似，"9"与"苦"的发音相似，因此忌讳用"4""9"这两个数字。此外还忌讳三人合影，因为三人并排合影时，日本人通常不愿意站在中间，认为被人夹着是不祥的征兆。

日本人办事常常显得慢条斯理，对自己的感情常加以掩饰，不轻易流露，不喜欢伤感的、有对抗性和针对性的言行和急躁的风格。所以，在和日本人打交道的过程中，没有耐性的人常常会和他们闹得不欢而散。在交往中，日本人很忌讳别人打听自己的工资，年轻的日本女性忌讳别人询问姓名、年龄及婚姻状况等。

在颜色上，日本人偏好淡雅的颜色，忌讳紫色和绿色。在鲜花上，忌讳荷花图案，喜欢樱花，而菊花是日本皇室专用的花卉，民间一般不互相赠送。向日本客商寄信时，不能倒贴邮票，倒贴邮票表示绝交。装信时要注意，不要使收信人打开信后，看到自己的名字是颠倒的。

日本不流行家宴，商业宴会极少邀请女士参加，商界男士没有携带夫人出席的习惯。商业宴会普遍在大宾馆举行。在以酒待客时，客人接受第一杯酒而不接受第二杯酒为失礼行为。日本人没有相互敬烟的习惯，若自己想吸烟，需要征得他人的同意。

### 礼仪知识屋

#### 日本茶道小知识

日本古代文化深受中国影响，茶道亦然。日本茶道不仅仅是一种独特的艺术形式，更是日本文化的重要组成部分。日本茶道反映了日本人对和谐、宁静和自然的追求，体现了日本人的审美观和价值观。日本茶道讲究并遵循"四规""七则"。"四规"指"和、敬、清、寂"，乃日本茶道之精髓。"和、敬"是指主人与客人之间应具备的精神、态度和辞仪；"清、寂"则是要求茶室和饮茶庭院应保持清静、典雅的环境和气氛。"七则"指的是：提前备好茶，提前放好炭，茶室应冬暖夏凉，茶室内应插花保持自然美，遵守时间，备好雨具，时刻把客人放在心上。

## 二、新加坡

新加坡，全称为新加坡共和国。新加坡的别称"狮城"源于梵语，它是一个城市国家。新加坡土地面积较小，由新加坡岛及其附近的小岛组成，风景秀丽，以"花园城市"享誉世界。新加坡人中有很大一部分是华裔新加坡人，其他的还有印度血统人和马来西亚血统人等。华裔新加坡人多信奉佛教，印度血统人多信奉印度教，马来西亚与巴基斯坦血统人多信奉伊斯兰教，此外，还有一些人信奉基督教。

### （一）商务礼仪

#### 1. 见面

新加坡人在见面、告别时多行握手礼。在一般情况下，他们对于西式的拥抱和亲吻不太接受。由于新加坡政府注重保护各民族的传统，因此新加坡的礼仪呈现多元化的特点。华裔新加坡人基本上保留了中国的传统，在相见时往往习惯拱手作揖，或者行鞠躬礼；马来西亚血统人大多采用本民族传统的摸手礼；印度血统人中，妇女额头点檀香红点，男人扎白色腰带，见面时双手合十致意，平时进门脱鞋。无论什么民族，都可以以先生、小姐、太太相称。在商务交往中，名片必不可少，大多数新加坡人用双手递送或接收名片，外来者应注意这个礼节，用双手递送或接收名片。接收名片后，名片应放在桌上或放入衣服前面的口袋，不要在名片上写字。另外，新加坡政府规定，政府官员不使用名片。

#### 2. 衣着

新加坡气候湿热，当地人的衣着比较随意。在社交场合或商务活动中，男士可穿短袖衬衫、打领带、穿长裤、穿皮鞋，而在会见政府官员时男士宜穿西装，女士宜穿浅色长袖衬衫，可搭配裙子或长裤，且一般要遮住上臂。在许多公共场所，穿着过于随便，如穿牛仔装、运动装、沙滩装、低胸装、露背装、露脐装的人，往往会被禁止入内。

### 3. 餐饮

华裔新加坡人的餐饮习惯与我国的基本相同，菜肴以闽粤风味为主；印度血统人忌食牛肉，忌用左手进食；穆斯林忌食猪肉，不吸烟、不喝酒。华裔新加坡人大多喜欢饮茶，每逢春节来临之际，经常会在清茶中加入橄榄饮用，这种茶被称为"元宝茶"；嗜好饮用中药泡制的补酒，如鹿茸酒、人参酒等。

### 4. 送礼

新加坡严格的反腐败法禁止赠送任何可能被视为行贿的东西，不过允许赠送公司纪念品。通常只有在建立私人关系后才送礼，如到新加坡人家里做客，宜带鲜花、巧克力等礼物，也可以送包装精美的家庭工艺品。

### 5. 商务提醒

新加坡高层管理人员经常出差，若要与他们会谈，应事先预约。在新加坡从事谈判，需要良好的耐心，发脾气或在公众场合咒骂他人会引起反感。新加坡人通常认为，私人关系和商务关系同样重要。在谈判时，新加坡人很直爽，但有时会因避免直接说"不"而采取委婉的说法，要注意他们谈话中的一些暗示。

新加坡商人谦恭、诚实、文明和礼貌，他们在谈判桌上的表现有三大特点：一是谨慎，不做没有把握的生意；二是守信用，只要签订合同，便会认真履约；三是看重面子，特别是在与老一辈人的交往中，面子往往具有决定性的作用。

## （二）主要禁忌

（1）在新加坡，商务交往常常需要相互宴请，应邀要准时，迟到会给人留下极坏的印象。如果不能准时应邀，则必须预先通知对方，以表示尊重。新加坡官员通常不接受社交性宴请，因此在与他们打交道时要慎重。

（2）新加坡人视黑色、紫色为不吉利的颜色，黑色、白色、黄色为禁忌色。在商业上反对使用佛的形态和侧面像，禁止使用宗教词句和象征性标志。日常生活中忌用猪、乌龟图案。

（3）在社交场合或商谈时，忌跷二郎腿，尤其忌将鞋底朝向他人；忌谈个人性格、当地政治和种族关系等问题。到清真寺参观，以及到新加坡人家里做客时，忌穿鞋进入。

# 三、泰国

泰国，全称为泰王国，别称为"黄袍佛国""大象之邦""微笑之国"。泰国位于亚洲的东南部，官方语言为泰语。在泰国，有华人血统的泰国人超过 20000000，约为该国总人口的 1/3。95%的泰国民众信仰佛教，佛教为泰国的国教。

## （一）商务礼仪

### 1. 见面

除了在较为西方化的社会团体中，泰国人在见面时一般不以握手为礼。泰国人在与客人见面时，通常致合十礼，即双手合十于胸前，头稍稍低下，互相问候"萨瓦迪卡"（泰语

"你好"的意思）（见图6-2）。合十礼的最大讲究是合十于胸前的双手所举的高度不同，给予交往对象的礼遇便有所不同。通常地，合十的双手举得越高，表示对对方越尊重。还礼时，也要双手合十，放至额到胸之间的位置。地位较低或年纪较轻的人，应该主动向地位高或年纪大的人致合十礼。地位高、年纪大的人还礼时，双手不应高过前胸。还有一些特殊情况，如平民拜见国王的时候要施跪拜礼；儿子出家当和尚，对父母施跪拜礼。

泰国目前的合十礼大致可以分为以下四种规格：其一，双手举于胸前，它多用于长辈向晚辈还礼；其二，双手举到鼻下，它一般在平辈相见时使用；其三，双手举到前额下，它仅用于晚辈向长辈行礼；其四，双手举过头顶，它仅用于平民拜见国王。

**图6-2 合十礼**

### 2. 颜色

泰国人喜爱红色和黄色，在广告、包装、商标、服饰上几乎都使用鲜明的颜色，并习惯用颜色表示星期几：星期日为红色，星期一为黄色，星期二为粉红色，星期三为绿色，星期四为橙色，星期五为淡蓝色，星期六为紫红色。人们常常根据星期穿着不同颜色的服装。泰国的国旗由红、白、蓝三色构成，红色代表民族，象征各族人民的力量与献身精神；白色代表宗教，象征宗教的纯洁；蓝色代表王室，泰国是君主立宪制国家，国王是至高无上的，故以蓝色居中，象征王室在各族人民和纯洁的宗教之中。

### 3. 衣着

泰国是一个很注重衣着的国家。在正式的商务会谈时，男士大多穿正式的西装、衬衫、皮鞋，如果不是一整套正式的西装，则会穿有领子、袖子的商务衬衫和非牛仔裤的长裤。正式的衣着可以增加专业感。女性则推荐带妆面谈，因为在泰国，化妆是一种礼仪，同时衣着要大方得体，最好不要穿无袖的衣服和短于膝盖的裙子。

### 4. 其他提醒

拜访大公司或政府办公厅要先预约，准时赴约是一种礼貌。最好持有英文、泰文和中文对照的名片。

泰国人非常尊重国王和王室成员，平时不随便谈论王室，在有王室成员出席的场合，要态度恭敬。在泰国，游客要注意佛像无论大小都要尊重，切勿攀爬；对僧侣应礼让，不要直接给钱；常人不能与僧侣握手，女士更不能碰触僧侣，若需奉送物品，则应请男士代劳，或直接放在桌上。在佛寺内，切勿高声喧哗，或随意摄影、摄像。佛教徒在购买佛饰时，忌说"购买"，只能用"求助"或"尊请"之类的词，否则会被视为对佛祖的不敬，会招来灾祸。

泰国被誉为"微笑之国"，泰国人对外国人特别和蔼可亲。在泰国，于众目睽睽之下与人争执、咄咄逼人的表现被认为是可耻的行为。此外，泰国人很爱面子，十分重视别人对自己外观的看法，如果能让对方获得心理上的满足，便可以使谈话在十分融洽的气氛中进行。

### （二）主要禁忌

（1）泰国人认为门槛下住着神灵，所以千万不要踩踏泰国人房子的门槛，哪怕用脚踢门也会受当地人的唾弃。

（2）泰国人忌用左手，认为左手是不洁净的，所以在交换名片、接受物品时都必须用右手。不能抛东西给他人，否则会被认为鄙视他人和缺乏教养。

（3）在泰国进行商务活动，必须尊重当地的教规。如果对泰国的寺庙、佛像、和尚等做出轻视的行为，就会被视为不敬。在拍摄佛像时尤其要小心，如果依偎着佛像或骑在佛像上面，会掀起轩然大波。

（4）泰国人非常重视人的头，他们认为头是神圣不可侵犯的，因此千万不要轻易抚摸别人的头部，即使是喜爱的小孩也绝不可以用手去摸他的头，否则将被视为对此小孩所带的神的不尊重，只有国王、高僧和父母才能抚摸小孩的头。如果长辈在座，则晚辈必须坐在地上或者蹲跪，以免高于长辈的头部，否则就是极大的不尊敬。人在坐着的时候，忌讳他人拿着东西从头顶经过。

（5）在泰国人面前盘腿而坐是不礼貌的。在坐下时，鞋底露出来是极不友好的。更不能用脚给别人指东西，这是泰国人最忌讳的动作。

## 任务二　欧洲及北美洲主要国家

**思政引领**

### 俄罗斯是中国共建"一带一路"的重要伙伴

2023年是"一带一路"倡议提出的十周年，俄罗斯是中国共建"一带一路"的重要伙伴。十年来，在两国元首的政治引领下，共建"一带一路"同建设欧亚经济联盟对接合作走深走实，结出累累硕果。中俄在共建"一带一路"过程中绕"五通"全面推进合作，即政策沟通、设施联通、贸易畅通、资金融通和民心相通。互联互通成效最大，贸易畅通快速发展，资金融通不断创新，民心相通日益拓展，合作成效显著，密切了两国经贸往来，促进了两国经济发展，提升了百姓福祉。

## 一、英国

英国，全称为大不列颠及北爱尔兰联合王国，其国花是玫瑰，国民多信奉基督教新教。英国的经济发展较早，因此在一部分外国人的眼里，英国人常被认为"自命清高""难以接近"，但事实上并非如此。英国人善于互相理解，能体谅别人。无论办什么事情，总是尽可能不留坏印象，绅士风度处处可见。他们懂得如何营造一个协调的环境，让大家和谐而愉快地生活。

### （一）商务礼仪

1. 见面

在英国，人们第一次见面一般都行握手礼，而不像东欧国家的人那样拥抱。随便拍打客人被认为是非礼的行为，即使在公务完结之后也是如此。

2. 衣着

英国人注意服装，衣着因时而异，但他们往往以貌取人，因此尤其注意仪容。英国人讲究穿戴，只要出家门就得衣冠楚楚。在上班、参加正式活动时，一般都穿得很正规。在参加宴会或音乐会时，则穿得更加讲究，有时还穿晚礼服。按英国商务礼仪，商务人士宜穿三件套西装，系保守式领带，但是勿系条纹领带，因为英国人会联想到旧军团或老学校的制服领带。

3. 餐饮

在英国，不流行邀请对方在吃午餐过程中谈生意。一般说来，他们的午餐比较简单，多为快餐，通常食用冷肉、凉菜、炸鱼、三明治等。他们对晚餐比较重视，视晚餐为正餐，食物丰盛，通常在午餐之后有甜点。因此重大的宴请活动，大多安排在晚餐时进行。正式场合的餐具摆放也比较讲究（见图6-3）。英国商人一般不喜欢邀请客人到家中饮宴，聚会多在酒店、饭店进行。英国人的宴请活动以俭朴为主，他们讨厌浪费的人。

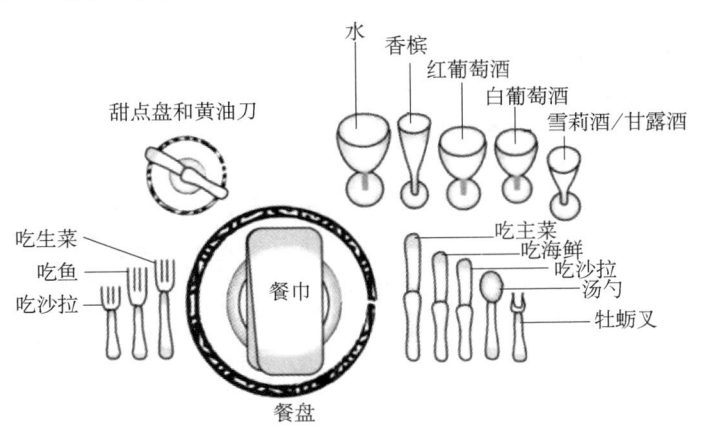

图6-3 正式场合的餐具摆放

在正式的宴会上，一般不准吸烟，进餐时吸烟会被视为失礼。在英国，邀请对方共进午餐、晚餐，或到酒吧喝酒，或观看戏剧、芭蕾舞等，都会被当作赠送的礼物。对于主人提供的饮品，客人饮量以不超过三杯为宜。如果感到喝够了，则可以将空杯迅速地转动一下，交给主人，以表示"喝够了，多谢"的意思。

#### 4. 女士优先

英国人对妇女是比较尊重的。在英国，"女士优先"是整个社会共同遵守的礼俗，例如：走路要让女士先走；乘电梯要让女士先进；乘公共汽车、电车要让女士先上；斟酒要给女宾或女主人先斟；在街头行走时，男士应走外侧，在发生危险时，应保护女士免受伤害；丈夫通常要与妻子一起参加各种社交活动，而且总是习惯先将妻子介绍给贵宾认识。

#### 5. 商务提醒

英国人待人彬彬有礼，讲话十分客气，"谢谢""请"不离口，且"女士优先"是英国男士的绅士风度的主要表现之一。在商务交往中，英国人重视人际关系，不刻意追求物质。在英国经商，必须守信用，答应的事情必须全力以赴、一丝不苟地完成。

英国人办事认真，对新鲜事物持谨慎态度，具有独特、冷静的幽默；他们保守，感情不轻易外露，即使有很伤心的事，也常常不表现出来；他们很少发脾气，能忍耐，不愿意与别人作无谓的争论。

### （二）主要禁忌

英国人注重个人隐私，如婚姻问题、恋爱关系、经济收入、宗教信仰、健康、住房等话题应当避免。由于宗教的原因，他们非常忌讳"13"这个数字，认为这是个不吉祥的数字，用餐时不准十三个人同桌。不能手背向外做出"V"形手势，这是一种蔑视他人的、带有敌意的手势。如果与多人相会或道别，忌交叉握手，因为交叉握手正好形成十字架的形状，认为这样会招致灾难。烟友聚在一起，忌同时点燃三支烟。

> **礼仪知识屋**
>
> **英国人与茶**
>
> 茶是英国人日常生活中不可或缺的一部分。
>
> 多数英国成年人在被问及"你要喝什么饮料"这个问题时，都回答"Tea forever"（永远都是茶）。英国每年都会出版一本《全英最佳茶屋指南》，专门介绍有特色的喝茶场所，其中伦敦里兹饭店的茶室以昂贵与尊贵名列前茅。来这里喝下午茶，男士必须打领带才能入内，并一定得事先预订座位，有时需提前两个礼拜预约方能觅得一席。事实上，对很多人来说，到里兹饭店喝茶是一段不同平常的经验。高尚迷人的气氛、入口醇香的红茶、华丽的茶具、高贵的厅堂，以及训练有素的服务员浑然一体，体现了物质与精神并重的观点。

## 二、俄罗斯

俄罗斯，全称为俄罗斯联邦，疆域辽阔，人口众多，资源十分丰富。俄罗斯的国教是东正教，每年要过东正教圣诞节和俄历年等节日。

## （一）商务礼仪

### 1. 见面

俄罗斯人在社交场合与客人见面时，一般施握手礼，拥抱礼也是他们常施的一种见面礼。他们还有施吻礼的习惯，但对不同人员，在不同场合所施的吻礼也有一定的区别：朋友之间或长辈对晚辈之间，以吻面颊为多，长辈对晚辈以吻额更为亲切和慈爱；男子对特别尊敬的已婚女子，一般施吻手礼，以示谦恭和崇敬之意；吻唇礼一般只在夫妇或情侣之间流行。

俄罗斯人对盐十分崇拜，视盐为珍宝并将其作为祭祀用的供品，认为盐具有驱除邪祟的力量。在迎接贵宾时，俄罗斯人通常会向对方献上面包和盐，这是给予对方的一种极高的礼遇，贵宾必须欣然收下。

在称呼方面，他们在正式场合采用"先生""小姐""夫人"之类的称呼。在俄罗斯，人们非常看重人的社会地位，因此对有职务、学衔、军衔的人，最好以其职务、学衔、军衔相称。依照俄罗斯民俗，在用姓名称呼俄罗斯人时，可按彼此之间的关系，取姓名的一部分称呼。只有在与初次见面之人打交道时，或者在极为正规的场合，才有必要将俄罗斯人姓名的三个部分连在一起称呼。

### 2. 衣着

俄罗斯人很注重仪表和服饰。在俄罗斯民间，已婚妇女必须戴头巾，并以白色头巾为主；未婚姑娘不戴头巾，但常戴帽子。在城市里，俄罗斯人多穿西装或套裙，俄罗斯妇女往往穿连衣裙。在较正式的场合，男子通常穿西装，而女子则主要穿裙装。俄罗斯人认为，裙装是最能体现女人味的服饰，俄罗斯妇女有四季都穿裙装的传统，尤其在交际、应酬的场合，穿长裤会被认为对客人不尊重。

### 3. 餐饮

在饮食上，俄罗斯人讲究量大、实惠、油多、味重。他们喜欢酸、辣、咸味，偏爱炸、煎、烤、炒的食物，尤其爱吃冷菜，但食物在制作上较为粗糙。俄罗斯人以面食为主食，他们很爱吃用黑麦烤制的黑面包。对普通百姓来说，用麦面粉制作的白面包常常是节日的美食。除黑面包外，大名远扬的俄罗斯特色食品还有鱼子酱、酸黄瓜、酸牛奶等。

在饮料方面，俄罗斯人很能喝冷饮，具有该国特色的烈酒伏特加是他们最爱喝的酒。伏特加是俄罗斯民族性格的写照，在俄语中的意思为"水"。此外，他们还喜欢喝一种叫"格瓦斯"的饮料。在用餐时，俄罗斯人多用刀、叉，他们忌讳在用餐时发出声响，并且不能用茶勺饮茶或让其直立于杯中。通常地，他们吃饭只用盘子，而不用碗。在参加俄罗斯人的宴请时，宜对菜肴加以称道，并且尽量多吃一些。俄罗斯人将手放在喉部，表示已经吃饱了。

## （二）主要禁忌

（1）在数字方面，俄罗斯人最偏爱"7"，认为它是成功、美满的象征。对于"13"与星期五，他们十分忌讳。在拜访俄罗斯人时，送给女士的鲜花枝数和鲜花朵数不能是"13"或双数，因为俄罗斯人认为奇数吉利、偶数不吉利，只有在人去世时才送双数的鲜花，如两枝或四朵鲜花。

（2）俄罗斯人主张"左主凶，右主吉"，因此他们不允许以左手接触别人，或者以之递送物品。

（3）在俄罗斯被视为"光明象征"的向日葵最受人们喜爱，它被称为"太阳花"，并被定为国花。

（4）俄罗斯人非常崇拜盐和马，视盐为珍宝并将其作为祭祀用的供品；认为马代表威力，能驱邪降妖，并相信马蹄铁是祥瑞。他们对兔子的印象很糟，认为兔子是一种怯弱的动物，若兔子从自己面前跑过，那便是不祥的兆头。他们忌讳黑色，认为黑色是丧葬的代表色，并视黑猫从自己面前跑过为不幸的象征。

（5）俄罗斯人讲究"女士优先"。在公共场合，男士往往自觉地充当"护花使者"，若不尊重妇女，便会遭人鄙夷。

（6）俄罗斯人忌讳的话题有政治矛盾、经济难题、宗教矛盾、民族纠纷、苏联解体、阿富汗战争及其大国地位等。

## 三、美国

美国，全称为美利坚合众国，是联邦共和立宪制国家，是一个移民国家。美国人主要信奉基督教。美国的官方语言为英语。

### （一）商务礼仪

#### 1. 见面

美国人在与客人见面时，一般都以握手为见面礼。他们习惯在握手时将手握紧，眼睛正视对方，微躬身，认为这是礼貌的。美国人在社交场合与客人握手时，有一些习惯和规则：如果两人是异性，则要待女性先伸手，男性再伸手相握；如果是同性，则通常由年长的人伸手给年轻的人，地位高的人伸手给地位低的人，主人伸手给客人。他们还行亲吻礼，这是在彼此关系很熟的情况下行的一种见面礼。

#### 2. 衣着

美国人不像英国人一样时刻保持衣冠楚楚，他们不太讲究穿戴，穿衣打扮讲究无拘无束，崇尚自然，体现个性。在春、秋两季，美国人一般下身穿长裤，上身在衬衫外面套一件毛衣或夹克；在夏季则多穿短裤和短裙。但在正式场合，他们讲究服饰，注意整洁，一般穿着西装，特别是鞋要擦亮，手指甲要干净。

#### 3. 称呼

在美国，十二岁以上的男子就享有"先生"的称呼，但大多数美国人不爱用先生、夫人、小姐、女士之类的称呼，认为那样太郑重了。他们喜欢别人直接叫自己的名字，并认为这是亲切、友好的表示。美国人很少用正式头衔称呼别人，正式头衔一般只用于法官、军官、医生、教授、宗教领袖等人物。

#### 4. 饮食

美国人在饮食上一般不追求精细，而追求速度和方便。目前他们越来越重视食品的营养，蔬菜越来越受青睐。他们喜欢生、冷、味淡的食物，特别重视食物的鲜、嫩，乐于吃凉菜，不喜欢过烫、过热的食物，味道忌咸，以稍微偏甜为好。

美国人不习惯厨师在烹调中用大量调料，而习惯用餐桌上的调料自行调味。他们平时习惯吃西餐，一日三餐中的早餐、午餐从简，晚餐是一天的主餐。他们在餐具方面，常先以右手用刀切食物，再换叉取食。他们特别愿意品尝野味和海味。

### 5. 送礼

对于美国人而言，适合送礼的场合非常多，如情人节、母亲节、感恩节、圣诞节、新年等各种节庆日都是送礼高峰期。平时亲朋好友和同事的婚丧嫁娶、生日、纪念日等都是送礼的重要场合。送礼要送单数，且讲究包装。他们认为蜗牛和马蹄铁是吉祥物。

### 6. 洽谈

参加商务活动必须预约，最好在即将抵达时，先通电话告知。在美国，贸然登门是失礼的，即便是给亲朋好友送礼，如果事先没有通知，则不要直接敲门，最好把礼物放在对方家门口，通知对方去取。

美国商人喜欢边吃边谈，洽谈活动一般从早餐开始，但晚上通常不谈生意或作重大决定。同美国人做生意，最重要的原则之一就是态度必须清楚，不能模棱两可。美国的商业习惯是为每一种产品投保，他们非常重视专利与商标。在美国使用的商标，都要到美国专利商标局进行登记、注册，不然产品会被别人冒名顶替。销往美国的产品最好用公司的名称作为商标，以便促销。

美国工会影响力很大，对美贸易应找与工会有一定联系的代理商，这样推销工作可能做得更好。美国的犹太人甚多，要注意当地的犹太人节日。

## （二）主要禁忌

（1）美国人忌讳数字"13"和星期五，认为这是不吉利的。忌用火柴或打火机为三个人连续点烟。美国人很重视隐私权，忌讳被人问及年龄、婚姻状况及收入、财产情况等个人隐私。美国人忌食奇形怪状的食品和动物内脏。

（2）美国人在谈话时不喜欢双方离得太近，习惯保持一定的距离，一般应保持120～130厘米的距离，最近也不得近于50厘米。美国人对握手时不直视对方很反感，认为这是傲慢和不礼貌的表现。他们忌讳向妇女赠送香水、衣物和化妆品。因为美国妇女有化妆的习惯，所以一般不欢迎服务人员送毛巾擦脸。

（3）美国人忌讳他人在自己面前挖耳朵、抠鼻孔、打喷嚏、伸懒腰、咳嗽，他们认为这些都是不文明的、缺乏礼教的行为。若喷嚏、咳嗽实在不能控制，则应避开客人，用手帕掩嘴，尽量不发出声响，并及时向在场人员表示歉意。他们忌讳有人向自己伸舌头，认为这种行为是侮辱人的。

（4）美国人讨厌蝙蝠，认为它是吸血鬼和凶神的象征。他们忌讳黑色，认为黑色是肃穆的象征，会带来坏运气。同时，黑色是丧葬用的颜色。他们特别忌讳赠送带有公司标志的廉价礼物。

## 四、加拿大

加拿大位于北美洲北部，有"枫叶之国""移民之国""万湖之国"等美称，"枫叶之国"源于加拿大境内特别多的枫树，加拿大人对枫叶有深厚的感情，加拿大国旗正中央绘有一片红色枫叶。除极少数印第安人和因纽特人外，加拿大人大多是英、法移民的后裔，土著居民约占 3%。加拿大人多数信奉天主教和基督新教。

## （一）商务礼仪

### 1. 见面

加拿大人随和、友善，讲礼貌。在社交场合与客人相见时，加拿大人一般习惯行握手礼；在男女见面行握手礼时，一般由女士先伸出手。亲吻礼和拥抱礼虽然也是加拿大的见面礼，但仅适用于熟人和亲友。加拿大人的姓名同欧美人一样，名在前，姓在后。他们在作介绍时，一般遵循年龄由少到长，职位由高到低的次序。

### 2. 衣着

加拿大文化的多元性体现在衣着上，由于每个民族都有自己的传统习惯和风俗，加拿大街头可见各种肤色的人穿各式各样的服装。在加拿大，不同的场合有不同的服饰礼仪。在日常生活中，加拿大人的衣着以欧式为主；在参加商务活动时，宜穿保守式西装；在教堂，男士应穿深色西装，女士应穿庄重的衣裙；在参加婚礼时，男士或穿西装，或穿便装。

在社交应酬时，加拿大人照例都要认真进行自我修饰，甚至为此专门去美容店。在加拿大参加社交活动时，男士必须提前理发、修面，女士则无一例外地进行适当化妆，并佩戴首饰，不这样做会被视为对交往对象的不尊重。

### 3. 餐饮

加拿大人的饮食习惯接近英、美两国人，由于当地冬天气候寒冷，他们养成了吃烤制食品的习惯。加拿大人用刀、叉进食，极爱食用烤牛排，尤其是八成熟的嫩牛排，并习惯在餐后喝咖啡和吃水果。

### 4. 仪态

加拿大人在社交场合姿态庄重，举止优雅。在交谈时，加拿大人会和颜悦色地看着对方。加拿大人常用双手手指交叉置于桌上的姿态缓和紧张的气氛或掩饰窘态。

### 5. 商务提醒

在加拿大做生意，应该因人而异，采取不同商务礼仪。例如，和法国后裔进行商谈要注意，他们在生活中是非常和蔼可亲的，对客人很亲切，会款待远道而来的客人。但是，他们一旦正式进行商谈就判若两人，会慢吞吞地讲话，态度难以捉摸。双方要商定一个结果，是很费劲的。即使签订了契约，仍旧会有变数，所以从进入商谈到商定结果这段时间是很艰苦的。而英国后裔恰恰相反。

## （二）主要禁忌

（1）加拿大人忌讳数字"13"和星期五。他们在日常生活中忌讳白色的百合花，认为它和死亡有关，只在开追悼会时才使用。他们忌讳黑色，认为它象征死亡；他们喜爱白色，认为它象征纯洁。加拿大人视白雪为吉祥的象征，因此忌讳铲除白雪。他们忌讳打破玻璃制品，如盐罐。在宴席上一般安排偶数座次，忌讳单数座次（特别忌讳安排十三个座次）。赴约要准时，切忌失约。

（2）将加拿大与美国进行比较是加拿大人的一大禁忌，尤其是拿美国的优越之处和他们相比。当听到加拿大人自己把加拿大人分为讲英语的和讲法语的时，切勿发表意见，因为这是关于加拿大国内民族关系的敏感话题。

（3）加拿大人不吃胆固醇含量高的动物内脏，不吃脂肪含量高的肥肉。忌吃腐乳、虾酱，以及其他带腥味、怪味的食物。

## 任务三　非洲及大洋洲主要国家

**思政引领**

**中国和南非共建"一带一路"，造福两国人民**

2023年8月22日，在中国和南非两国元首的共同见证下，国家发展和改革委员会主任郑栅洁和南非国际关系与合作部长潘多尔代表两国政府签署《中南关于同意深化"一带一路"合作的意向书》（下文简称《意向书》）。

2015年12月，中国和南非签署《中华人民共和国政府与南非共和国政府关于共同推进"丝绸之路经济带"和"21世纪海上丝绸之路"建设的谅解备忘录》。截至目前，中国已与非洲53个建交国中的52个国家签署了共建"一带一路"合作谅解备忘录。为落实好2022年11月两国元首关于加强共建"一带一路"倡议同南非"经济重建和复苏计划"对接达成的重要共识，两国政府有关部门不断深化交流和对接，积极推进务实合作，并取得了阶段性的丰硕成果。

下一步，双方将继续深入落实两国元首重要共识，按照《意向书》有关安排，加强务实交流对接，争取尽快签署《中华人民共和国政府与南非共和国政府关于共建"一带一路"倡议与"经济重建和复苏计划"对接框架下的合作规划》，进一步推动双方共建"一带一路"合作走深走实，让共建"一带一路"更好造福两国人民。

### 一、埃及

埃及地跨非、亚两洲，有"金字塔之国""尼罗河的礼物""棉花之国""长绒棉之国""文明古国"的美称。埃及以阿拉伯语为官方语言，但在饭店、景区及一般商务活动中使用英语，受教育阶层的大部分人都懂英语和法语。埃及人以阿拉伯人为主。伊斯兰教为埃及的国教。埃及人的礼仪既有传统的民族习俗，又通行西方的礼仪，上层人士更倾向于使用欧美国家的礼仪。

#### （一）商务礼仪

1. 见面

埃及人行的见面礼主要是握手礼。与其他伊斯兰国家的交往禁忌相同，在同埃及人握手时，忌用左手。除握手礼之外，埃及人在某些场合还会行亲吻礼或拥抱礼。埃及人行的亲吻礼，往往会因为交往对象的不同而不同。其中最常见的形式有三种：一是吻面礼，它一般用于亲友之间，尤其是女性之间；二是吻手礼，它是向尊长表示敬意或向恩人致谢用的；三是飞吻礼，它多见于情侣之间。埃及人在社交活动中，在跟交往对象行过见面礼后，双方往往要互致问候。为了表示亲密，埃及人只要有时间，问候起来就会滔滔不绝，除个人隐私之外，当时所能想到的人和事，他们几乎都会问候一遍。他们的这种客套行为，有时会持续几分钟，甚至十几分钟。

2. 衣着

埃及人主要穿长衣、长裤、长裙，通常不愿穿又露又短、又小又紧的奇装异服。埃及的下层平民，特别是乡村农民，平时主要穿阿拉伯民族的传统服装——阿拉伯大袍，同时头缠长巾，或罩上面纱。埃及的乡村妇女喜欢佩戴首饰，尤其喜欢佩戴脚镯，另外，她们还喜欢梳辫子，并且习惯将自己的辫子梳成单数，在每根辫子上系三根黑色丝线，挂上一小块薄薄的金属片。

但在大城市中，尤其是在政界、商界、军界、文化界、教育界，埃及人的穿着打扮早已与国际潮流同步，西服、套装、制服、连衣裙、夹克衫、牛仔裤在埃及城市的街头巷尾处处可见。

3. 饮食

在通常情况下，埃及人以一种被称为"耶素"的不使用酵母的平圆形面包作为主食，并且喜欢将它同"富尔""克布奈""摩酪赫亚"（"富尔"即煮豆，"克布奈"即白奶酪，"摩酪赫亚"即汤类）一起食用。副食主要有羊肉、鸡肉、鸭肉、鸡蛋，以及豌豆、南瓜、胡萝卜、土豆等，口味清淡、甜香。埃及人喜欢吃甜食，正式宴会或富有家庭的正餐的最后一道菜都是甜食。蚕豆是必不可少的一种食品，其制作方法多种多样，制成的食品也种类繁多。在用餐的时候，埃及人多以手取食。在一些正式的场合，他们也用刀、叉和勺。在用餐之后，他们一定要洗手。

4. 商务提醒

在埃及，社交聚会的举办时间比较晚，晚宴一般要到晚上十点半或更晚才开始。若应邀参加，则可以带鲜花或巧克力作为礼品。埃及人很欢迎外国人来访，并引以为荣，但异性来访是被禁止的。和埃及人交谈可选择与埃及的进步与成就、埃及的古代文明有关的话题。埃及商人的时间观念较差，很少能按照约定的时间行事。

（二）主要禁忌

（1）埃及人一般都遵守伊斯兰教教义，忌食猪肉，也不吃非诵真主之名而宰的其他动物的肉，忌饮酒。埃及人在用餐时，有两条禁忌：其一，忌用左手取食；其二，在用餐时忌与人交谈。

（2）埃及人忌讳黑色与蓝色，禁穿有星星、猪、狗、猫及熊猫图案的衣服，有星星图案的包装纸也不受欢迎。

（3）在送别人礼物或接受礼物时，要用双手或者右手。埃及人讨厌打哈欠，认为打哈欠是魔鬼在作祟。

（4）埃及人忌讳缝衣针。在埃及，下午五点之后，商人不卖缝衣针，人们也不买缝衣针。

（5）在数字方面，"5"与"7"深得埃及人的青睐。在他们看来，"5"会带来吉祥，"7"则意味着完美。对信奉基督教的埃及人而言，"13"是最晦气的数字。

（6）埃及人最喜欢被称为"吉祥之色"的绿色与"快乐之色"的白色。他们讨厌的颜色有两种，即黑色和蓝色，两者在埃及人看来均是不祥之兆。埃及人十分喜欢莲花，他们不仅将莲花称作"埃及之花"，而且将莲花定为国花。在埃及，橄榄石深受民众喜爱，并被定为埃及的国石。埃及人将葱视为真理的象征，若把一束大葱高高举起，则表示真理在手、胜利在望。

（7）与埃及人交谈时，应注意下述问题：一是男士不要主动找妇女攀谈；二是切勿夸奖埃及女士身材窈窕，因为埃及人以体态丰腴为美；三是不要称道埃及人家中的物品，这种做法会被理解为在索要；四是不要与埃及人讨论宗教纠纷、中东政局及男女关系。

（8）埃及人在工作中对小费极为重视，小费是其日常收入的重要组成之一。在埃及不给小费，往往会举步维艰。

## 二、南非

南非共和国，简称南非，因地处非洲最南部而得名，素有"彩虹之国"和"钻石之国"之誉。南非是世界上唯一一个同时存在三个首都的国家，分别是行政首都比勒陀利亚（2005年更名为"茨瓦内"）、立法首都开普敦、司法首都布隆方丹。南非的官方语言为英语，信仰的宗教是基督教，国石是钻石。

### （一）商务礼仪

南非的商务礼仪可以概括为"黑白分明""英式为主"。"黑白分明"是指因受种族、宗教、习俗的制约，使得南非的黑人和白人所遵从的商务礼仪不同；"英式为主"是指在很长的一段历史时期内，白人掌握南非政权，所以白人的商务礼仪（以英式为主）广泛地流行于南非社会。

1. 见面

在社交场合，南非人普遍行的见面礼是国际通用的握手礼，他们对交往对象的称呼主要是"先生""小姐"或"夫人"。

南非人对自己的传统情有独钟，有些人行拥抱礼，有些人行亲吻礼，还有些人则行独特的握手礼，即先用自己的左手握住自己的右手腕，再用右手与对方握手。如果是特别亲热者，则先握一下对方的手掌，再握拇指，最后紧紧握一下手。在南非，握手的用力程度跟对方的好意程度是成正比的。女性在相见时，双膝微屈，行屈膝礼。

在广大农村，南非人往往会表现出与社会主流不同的风格。例如，他们习惯将鸵鸟毛或孔雀毛赠予贵宾，贵宾得体的做法是将这些珍贵的羽毛插在自己的帽子上或头发上。

2. 衣着

在城市中，南非人的衣着已基本西化。在正式的场合，他们讲究衣着端庄、严谨。因此，在进行官方交往或商务交往时，最好穿样式保守、颜色偏深的套装或裙装，不然会被对方视为失礼。南非人保留着穿本民族服装的习惯，不同部族的衣着往往会有不同的特色。

3. 餐饮

南非白人平日以吃西餐为主，经常吃牛肉、鸡肉、鸡蛋和面包，并且爱喝咖啡与红茶。南非黑人喜欢吃牛肉、羊肉，主食是玉米、薯类、豆类，不爱吃生食，爱吃熟食。南非著名的饮料是宝茶（Rooibos）。在南非黑人家里做客，主人一般会送上刚挤的牛奶或羊奶，或者自制的啤酒。客人一定要多喝，最好一饮而尽，若是百般推辞，主人必定会不高兴。

（二）主要禁忌

（1）信仰基督教的南非人，忌讳数字"13"和星期五，与十三号同为一天的星期五，他们更是忌讳，并且尽量避免外出。

（2）南非人非常敬仰自己的祖先，认为祖先不仅有消除灾祸的本领，还拥有惩罚子孙的力量，所以他们特别忌讳外人对自己的祖先做出失敬的行为。

跟南非人交谈，不宜涉及下列话题：一是不要评论南非部族或派别之间的关系及矛盾；二是不要议论社会问题；三是不要议论传统习俗。

## 三、澳大利亚

澳大利亚全称澳大利亚联邦，有"骑在羊背上的国家""牧羊之国""坐在矿车上的国家""岛大陆""南方的大陆""古老土地上的年轻国家""淘金圣地"等别称。该国国民主要信奉基督教。

（一）商务礼仪

1. 见面

澳大利亚人见面习惯握手，不过有的女性不握手，而是亲吻对方的脸颊。澳大利亚人大多名在前、姓在后，称呼别人先说姓，再说"先生""小姐""太太"等，熟人之间称呼小名。澳大利亚的一些土著居民采用的握手方式为二人中指相互钩住，而不是全掌相握。

2. 衣着

澳大利亚人非常注重公共场合的衣着。大多数男性不留胡须，要穿西服，打领带，而且在正式场合要打黑色领带；女性在一年中的大部分时间都穿裙子，在社交场合则穿西装。无论男女都喜欢穿牛仔裤，他们认为穿牛仔裤很方便。土著居民往往在腰间扎一条围巾，或把围巾披在身上。

3. 餐饮

澳大利亚人的饮食习惯与欧美国家的人相似，以英式西餐为主，口味清淡，不喜油腻。澳大利亚的食品素以丰盛和量大而著称，且含有大量的动物蛋白质。他们爱喝牛奶，喜食牛肉、猪肉等。他们爱喝啤酒，对咖啡也很感兴趣。

4. 商务提醒

自古至今，澳大利亚人一直保留在周日上午到教堂做礼拜的习惯。欧美国家的人一般在周日上午去打高尔夫球，有时还利用打高尔夫球的契机谈生意。但澳大利亚的基督教徒有在周日上午做礼拜的习惯，因此要避免在周日上午约他们。

澳大利亚人的时间观念很强，商务活动必须事先安排，办事注重效率，有准时赴约的好习惯，因此必须事先联系并准时赴约。澳大利亚员工一到下班时间，就会即刻离开办公室。商务活动最好在三月至十一月进行，因为十二月至次年二月为休假期。在圣诞节及复活节前后一周不宜安排商务活动。

### （二）主要禁忌

（1）澳大利亚与英国的禁忌基本相仿：忌讳兔子，以兔子图案作为商标的商品会受冷落；忌讳数字"13"和星期五。

（2）忌讳过分自谦的客套话。

（3）澳大利亚人不吃辣味食物，个别人不吃酸味食物。伊斯兰教徒恪守教规，禁食猪肉及其制品。

（4）澳大利亚人讲究礼节，在社交场合忌讳打哈欠、伸懒腰等小动作。

## 四、新西兰

新西兰位于太平洋西南部，西隔塔斯曼海与澳大利亚相望，北与汤加、斐济隔海遥望，由北岛、南岛及一些小岛组成。新西兰最南部的海岸距离南极洲很近，所以新西兰被称为"世界边缘的国家"。

### （一）商务礼仪

#### 1. 见面

新西兰人在社交场合与客人相见时，一般行握手礼；在和妇女相见时，要先等对方伸出手再行握手礼。他们也行鞠躬礼，不过鞠躬方式独具一格，要昂头挺胸地鞠躬。新西兰的毛利人会见客人的最高礼节是行碰鼻礼，碰鼻子的次数越多，时间越长，礼就越重。

#### 2. 衣着

作为欧洲移民后裔，新西兰人日常以穿欧洲服装为主，讲求衣着的舒适和庄重。一般情况下，衣着比较简单和随意，若遇外出应酬或较为隆重的场合，男性一般穿西装，女性要化妆并穿礼服。女性在打高尔夫球时，会穿高尔夫裙前往。

#### 3. 餐饮

新西兰人主要吃西餐，并且保留左手持刀、右手持叉的习惯，口味比较清淡。对于肉食、乳制品的需求较大，爱吃肉，喝浓汤。茶和酒在新西兰人的日常生活中是必不可少的。啤酒是新西兰人的一大消费品，人均年饮用量高达110升。除了啤酒，餐馆通常还出售葡萄酒，但对于烈性酒的限制比较严格，并且正餐只能配一杯烈性酒。在用餐时，记得用刀、叉取食；忌讳在吃饭时频繁交谈，交谈一般应在饭后进行。如果被邀请去新西兰人家里做客，那么在主人请吃饭时，务必准时到达，新西兰人很守时，不喜欢客人迟到。

### 4. 商务提醒

新西兰人崇尚平等，因此在商务活动中追求公平，反对将人分等级。为了保护本国制造业，只要是国内可以生产和制造的产品，都不允许进口。基于保守、刻板的个性，在商务会谈中，新西兰人一旦提出价格，通常不能再变更，他们做生意没有讨价还价的习惯。

初次见面会谈，地点通常选在当地人的办公室，一般不会互赠礼物。在生意成功后，可通过共进午餐的方式表达谢意。不论是进行商务活动，还是拜访政府办公室、商界人员，都需要提前预约，并且保证守时，最好稍微提前到达，以示礼貌。

### （二）主要禁忌

（1）新西兰人大多信奉天主教，他们把数字"13"视为凶神，无论做什么事情都要设法回避数字"13"。

（2）新西兰人的时间观念较强，约会必须事先商定，并准时赴约。客人可以提前几分钟到达，以示对主人的尊敬。应邀到新西兰人家里做客，可以送给男主人一盒巧克力或一瓶威士忌，送给女主人一束鲜花。在社会交往中赠送的礼物不可过多，不可昂贵。

（3）忌讳男女同场活动。即使看戏或看电影，通常也分为男子场和女子场。

（4）新西兰人视当众剔牙和咀嚼口香糖为不文明的举止，视当众闲聊、吃东西、喝水、抓头皮等为失礼的举止。

（5）新西兰人不愿谈论有关宗教信仰、国内政治、种族和私人事务等话题。

#### 礼仪知识屋

#### 澳大利亚社交礼仪

在社交场合，澳大利亚人遵从女士优先的原则，忌讳打哈欠、伸懒腰等小动作。

澳大利亚人的时间观念很强，约好的事情最好准时赴约，很多生意是在酒吧中谈成的。如果有人提议喝一杯，通常由提议的人付账，不可以各自付账，除非事先说好。

如果应邀到澳大利亚人家里做客，可以给主人带一瓶葡萄酒。最好给女主人带一束鲜花。

澳大利亚人不喜欢听"外国"或"外国人"这类称呼，他们认为这类称呼抹杀个性，是哪个国家的人，理当具体而论，过于笼统的称呼是失敬的。

## 项 目 小 结

在全球化的过程中，理解和尊重不同的文化和传统是至关重要的。每个国家都有其独特的礼俗文化，并以此反映一个国家的历史、信仰和社会价值观。下面对一些主要国家和地区的礼俗文化进行简要总结。

首先，东方文化。中国作为一个历史悠久的东方国家，有着丰富的礼俗文化。在中国，尊重长辈是非常重要的，因此在与年长者交谈时，年轻人通常会使用敬语。此外，中国人非常重视面子，因此在公共场合，人们通常会避免直接表达自己的观点或感受，以免冒犯他人。

日本是另一个重要的东方国家，有其独特的礼俗文化。日本人非常注重礼节和规则，例如，在见面时通过鞠躬表示尊重，在公共场所保持安静。此外，日本人非常注重团队合作和集体主义，因此在团队活动中，通常会有明确的等级和角色分配。

其次，西方文化。在美国，个人主义是一种重要的思想体系，美国人通常更直接、开放和自由。在交谈中，美国人通常会直接表达自己的观点和感受。此外，美国人非常注重时间管理，如果约定了时间，则会准时到达。

在英国，礼貌和尊重是非常重要的。英国人通常会使用"请""谢谢"和"对不起"等礼貌用语。此外，英国人非常注重排队文化，无论是在超市结账，还是等待公交车，人们都会有序地排队。

在澳大利亚，人们非常友好和热情。澳大利亚人通常会直接称呼对方的名字，而不是使用头衔或职位。此外，澳大利亚人非常喜欢户外活动，如烧烤和野餐。

总的来说，不同的国家和地区有不同的礼俗文化，理解和尊重这些文化差异，不仅可以帮助人们更好地适应环境，也可以增进与他人的交流和理解。在全球化的背景下，这是一种非常重要的能力。

## 学习效果综合测试

1. 简述新加坡见面礼仪的要求。
2. 俄罗斯人有什么样的饮食偏好？
3. 南非人的衣着偏好是什么样的？
4. 案例分析。

英剧《唐顿庄园》开拍电影版，几乎原班人马回归。这个曾经斩获多项艾美奖的英剧设定在20世纪初约克郡一个虚构的庄园——唐顿庄园，讲述了英国上层贵族的年代史，以及他们与仆人们在森严的等级制度下的生活百态。虽然剧中的礼仪早已不适合今天的社会，但我们仍有必要感受一下礼仪的发展变化。

为了不失身份，20世纪初的英国贵族，无论是着装还是用餐，舞会或出行，都要遵循各种苛刻的礼仪。

一、服饰礼仪

《唐顿庄园》这部剧，几乎就是英国国王乔治五世时期的服装展。

1. 时刻不忘手套

手套是贵族小姐们必不可少的饰品，几乎不离身。骑马、晚宴、出行、喝茶都配有不同种类的手套，甚至在家吃饭也是。

只要在下午六点前用餐，都要求戴上帽子和手套，只在用餐时可以摘下手套，并把它们放在膝盖上，盖上餐巾。

几乎所有剧中的手套都来自一个历经二百多年历史的手套品牌"Dents"，这个品牌曾是维多利亚女王的最爱。1937年国王乔治六世和1953年伊丽莎白二世的加冕典礼都选择了Dents品牌的手套。它创始于1777年，从创始之初就在为皇室特供手工手套，直至现在依旧是英国为数不多的手套制造商。

## 2. 一天穿同一件衣服绝对失礼

如果将《唐顿庄园》里的小姐们在一天内所做的事情统计出来，那么她们大概有一半的时间都在换衣服。

早餐前要换衣服，之后如果要出门、开车或骑马，就要再换衣服，午餐前还要换一次。下午如果要坐下读书或拜访友人，要再换衣服。最后在晚餐前还要换一次。一天都穿同一件衣服是绝对失礼的行为。

当时的女人是不可以露腿的，所以即便骑马装也有夸张的大篷裙，里面还有很多层的衬裙。加上晚宴礼服烦琐的设计，致使小姐们换衣服非常麻烦，这也就是为什么需要专门的女仆了。

## 3. 男士衣着要笔挺

不仅女士，男士的衣着也一样讲究。在绅士文化盛行的英国，男士衣着必须笔挺，表示其在这个瞬息万变的世界里保持岿然不动的控制力。

据说他们穿的衬衫浆熨得跟纸板似的，穿上它就意味着必须时刻保持身体挺直，根本无法弯腰或做其他大幅度的动作。

就连男仆和管家也要保持衬衫笔挺，西装统一且整洁，时刻挺胸抬头。浆洗过的白衬衫、黑色的领结和燕尾服、锃亮的黑色皮鞋和一丝不苟的头发，就是人们心中对于英国管家最经典的印象。

管家制起源于法国，只是老派的英国宫廷更加讲究细节和虚荣，将管家的职业理念和职责范围按照宫廷礼仪进行了严格的规范，于是这种近乎完美的贵族服务才成为行业标准。

## 二、餐桌礼仪

连衣着都如此讲究的英国贵族，他们在餐桌上的礼仪就更多了。

### 1. 坐直，永远不要低头

英国贵族吃饭，后背永远不会靠在椅背上，必须坐直，把食物送入嘴中。无论糕点多么松脆易碎，都不要低头在盘子里吃。只有在喝汤的时候，才可以微微低下头。

### 2. 餐桌布置

餐桌布置极其讲究，是需要用尺一点点量出来的。《唐顿庄园》的大管家卡森就有一把这样的尺，用于测量杯子和盘子、盘子和桌子、桌子和椅子等之间的距离。

先确定一个初级刻度并以此作为标准，再把第一把餐刀推进去。然后按照标准，把其他餐具一点点推到一条水平线上。餐具之间必须是等距离的、对称的。管家躬身，用尺抵住椅子侧面，将椅子拉出来，看整排椅子是否在一条直线上。

用餐的餐巾有多种尺寸，很容易弄错。午饭用17~20英寸的餐巾，下午茶用12英寸的餐巾，晚饭用26英寸的餐巾，鸡尾酒会用6~9英寸的餐巾。

这样的餐桌礼仪正在慢慢消失，只有一些高档的法国餐厅保留较完整。

### 3. 座位安排，轮流交谈

《唐顿庄园》中，餐桌上的客人是以"男—女—男—女"的顺序就座的。已婚夫妇会被分开就座，因为通常认为他们待在一起的时间已够长了。

为了保持礼貌，不冷落餐桌上的人，应当和身边的人交谈。当主座的人轻轻咳嗽一声时，就应该交换与邻座交谈，这叫作"轮流交谈"。

餐桌上的话题需要注意，不要谈论金钱、工作、政治或宗教信仰等敏感话题。例如，三小姐带着她的平民男朋友回家时，在桌上谈起政治就引起了家人的尴尬。

4. 仆人用餐

管家、男仆和女仆是不能和主人们一起用餐的。在服侍完主人后，他们才可以在楼下专用的仆人餐桌上用餐。这个时候还要随时保持警戒，接受主人的传唤。要是主人突然需要服侍，必须立刻停止用餐，上楼帮忙。

**问题：**《唐顿庄园》中的"轮流交谈"指的是什么？

## 学 习 笔 记

学习重点与难点：

已解决的问题与解决方法：

待（未）解决的问题：

学习体会与收获：

## 讨 论 区

1. 你认为国际礼俗文化包含哪些方面？
2. 谈一谈掌握国际礼俗文化对个人的重要性。

## 测 试 区

一、单选题

1. 在日本，一切言语问候都伴随着（　　），这个礼节几乎可以代替任何言语问候。
　A. 握手　　　　　B. 鞠躬　　　　　C. 贴面礼

2. 加拿大人忌讳数字"13"和星期五，日常生活中忌讳（　　）的百合花，认为它和死亡有关，只在开追悼会时才使用。
　A. 白色　　　　　B. 红色　　　　　C. 黑色　　　　　D. 金色

二、判断题（正确的在括号中写"T"，错误的在括号中写"F"）

1. 英国人第一次见面一般都以握手为礼。　　　　　　　　　　　　　　（　　）
2. 拜访南非人可以在圣诞节和复活节前后。　　　　　　　　　　　　　（　　）
3. 俄罗斯人以面食为主食。　　　　　　　　　　　　　　　　　　　　（　　）

三、多选题

1. 加拿大人多数信奉（　　）和（　　）。
　A. 天主教　　　　B. 佛教　　　　　C. 基督新教　　　D. 伊斯兰教

2. 泰国人非常重视人的头部，只有（　　）、（　　）和（　　）才能抚摸小孩的头。
　A. 国王　　　　　B. 父母　　　　　C. 老师　　　　　D. 高僧

3. 泰国的国旗是由什么颜色构成的？（　　）
　A. 红色　　　　　B. 紫色　　　　　C. 白色　　　　　D. 蓝色

4. 大部分英国人会选择以下哪种食物作为午餐？（　　）
　A. 炸鱼　　　　　B. 薯条　　　　　C. 火锅　　　　　D. 串串

5. 埃及人在接受礼物的时候是如何做的？（　　）
　A. 用左手　　　　　　　　　　　　　B. 用右手
　C. 用双手　　　　　　　　　　　　　D. 一只手托着另外一只手

测试答案

# 项目七　面试礼仪：开启职场之门

## 项目导读

本项目主要介绍在求职面试过程中的相关礼仪知识，包括求职面试准备、面试现场礼仪和面试沟通技巧，阐明礼仪在求职面试过程中的重要性。在求职面试过程中，求职者具备良好的职业形象、做好充分的面试准备，有助于提升面试成功概率。

## 学习目标

知识目标：了解面试礼仪的概念、特点和作用。
　　　　　掌握面试礼仪的原则和基本要求。
　　　　　掌握面试的相关技巧。
技能目标：深化对面试礼仪的理解，能够在求职面试中恰当地运用面试礼仪。
　　　　　能够运用所学知识确定自己具备的面试礼仪是否符合规范。
　　　　　能够遵守面试礼仪的基本原则和要求。
素养目标：树立传承中华优秀传统文化的意识。
　　　　　把对面试礼仪的理解与认识用于日常的生活、工作和学习中。
　　　　　提升职业素养。

## 本项目数字资源

项目七　综合资源（微课+课件）

## 任务一　求职面试准备

### 引导案例

#### 求职面试的时候应该穿什么

曾有一名女生因穿超短裙参加求职面试而惨败，面试官这样评价："虽然在工作的时候不一定要穿得非常正式，但其求职面试时的标准应该提高。"

首先，装扮要得体。关于"求职面试的时候应该穿什么？"这个问题，负责招聘的人员给出的答案几乎是一致的：穿适合该行业和该职业的服装参加求职面试。面试礼仪是每个人在求职过程表现出的由里到外的一种涵养，是对招聘单位和招聘人员表示的基础的尊重。

其次，从求职面试看工作态度。如果在申请公司的职位时不屑于在第一次见面时表现出最好的一面，那么给人的感觉就是肯定不会在任职期间做到最好。只有在有限的面试时间里把握细微的言行、展现最好的一面，才能为面试成功取得机会。

请思考：有不少大学生在面试时常常因为经验不足而丢掉一些重要的求职机会，影响求职效率。怎样在面试中给招聘单位留下良好印象？有哪些细节需要注意？

走出美丽的"象牙塔"，告别无忧无虑的学生时代，踏上人生的求职之路，意味着我们将跨出成为一个真正职场人的第一步——面试。近年来，就业压力剧增，就业竞争异常激烈，对人才有吸引力的企业，每到招聘季就能收到大量求职简历，求职者能否面试成功，其个人条件及综合素质、能力成为决定性因素，但在求职者实力相当的情况下，面试前的准备就显得至关重要了。

## 一、收集、整理相关信息

在面试前收集、整理各种有用的信息，对面试成功起着重要的作用。所谓"知己知彼，百战不殆"，确定目标企业，了解目标企业相关信息，收集的信息的范围越广，内容越丰富，在面试时就能越从容，同时也能表现出对这家企业的热忱和尊重。当然，信息得是准确、真实的，而非道听途说的。获取的信息可以是企业官方公开的资料等。

### （一）目标企业相关信息

目标企业相关信息包括企业所在行业的发展状况，以及企业使命、愿景、企业文化、价值观、组织结构等，例如，求职企业所属哪个集团或公司、有几个分公司、有多少部门，以及应聘职位的岗位职责和技能要求是什么等。

### （二）应聘条件信息

应聘条件信息包括目标企业在进行人员招聘时提出的性别、年龄、学历、专业、外语等级、计算机等级、社会经验等各方面的要求和限制。

### （三）用人待遇等信息

了解目标企业提供录用者的薪资待遇、福利、培训、住房、保险、假期等相关信息。

## 二、自我认知的简单探索

自我认知的简单探索，就是指在求职前要作好充分的心理准备。通过自我观察和自我评价，对自己进行洞察和理解，在面试前清楚地认识"我是谁"，找准职业定位。很多求职者漫无目的地投简历，不知道自己到底喜欢什么样的工作，更不知道自己能胜任什么样的工作，甚至有些毕业生好高骛远，看到好的工作就趋之若鹜，但经过面试，发现自己与实际要求相差太大。

充分的自我认知，有助于求职者明确自己的求职需求，结合自己的优势、特长、专业、爱好、职业兴趣等，找到匹配的岗位。

自我认知的探索途径有很多，例如，可以利用当下流行的各种测试工具：埃德加·施恩职业锚测试、MBTI职业性格测试等，也可以找对自己熟悉的亲朋好友进行访谈，从而为自己做一个简单的、短期的职业生涯规划。

除此之外，求职者还要做好以下的心理准备。

（1）充满自信、不怕挫折。克服自卑、胆怯的心理，不消极、不退缩。树立自信心和鼓起敢于竞争的勇气。

（2）避免从众。不要一味跟随大流，要依据自身特点、能力，选择合适的职业。

（3）忌好高骛远。就业期望要依据市场的实际情况而定，避免理想化。

### 礼仪知识屋

## 什么是面试

面试是企业最常用的，也是必不可少的测试手段。在现代社会，企业用人越来越注重员工的实际能力与工作潜力，而不只是单纯注重知识的掌握。因此，面试在人员选择环节中占有非常重要的地位。在面试过程中，代表用人单位的面试官与求职者直接交谈，面试官根据求职者对所提问题的回答情况，考查其对相关知识的掌握程度，以及判断、分析问题的能力；根据求职者在面试过程中的行为表现，观察其衣着、外貌、风度、气质及现场的应变能力，判断求职者是否符合应聘岗位的标准和要求。在面试过程中，面试官可以通过连续发问，及时弄清楚求职者表述不清的问题，从而提高考查的深度与清晰度，并减少求职者说谎、欺骗、作弊等。总之，通过直接接触，面试可以使用人单位全面了解求职者的语言表达能力、反应能力、个人修养、逻辑思维能力等。同时，面试也可以使求职者了解自己在企业的发展前景，并将个人期望与现实情况进行对比，找到最好的结合点。

### 三、求职材料准备

求职者材料包括各种能说明求职者个人情况的资料。

（一）求职信

求职者写给用人单位的信叫求职信。求职信的作用是让对方了解自己、相信自己、录用自己，是一种私对公的并有求于公的信函。求职信的格式有一定的要求，内容要求简练、明确，切忌模糊、笼统或面面俱到。

### 礼仪案例

## 求职信范文

尊敬的用人单位领导：

您好！

扬帆远航，赖您东风助力！感谢您阅读我的自荐材料，作为一名即将毕业的大学生，我热切希望与贵单位的同事们携手并肩，共同扬起远航的风帆，创造人生事业的辉煌。

我叫×××，阳光活泼的我每天都会用微笑去面对生活；自信乐观的我会努力去做好每一件事情；善于沟通的我懂得怎么和别人合作；负责任、不服输的我相信自己能做好本职工作！

在校期间我努力学习，从未旷课、早退。本着以学习为主、锻炼个人能力为辅的观念，我在学习之余经常参加学校举行的各种活动……自从入学以来担任××委员……有很强的独立工作能力和独特的解决问题的能力。

本人在校期间曾获得××证书等。在工作方面，我踏实苦干，有吃苦耐劳精神，做事一丝不苟，绝对服从上级的安排。恳切希望能到贵单位发挥所长，贡献全部学识……我自信在贵单位领导和同事的指导和帮助下，一定能够在贵单位有出色的表现！

千里马因伯乐而驰骋疆场，我需要您的赏识和认可。我也许不是最优秀的，但我相信我是最合适的。愿贵单位事业蒸蒸日上！希望各位领导能够对我予以考虑，我热切期盼回音！

随信附个人简历表，期盼与您的面谈！

此致

敬礼！

×××谨上

××××年××月××日

## （二）简历

在竞争日趋激烈的人才市场上，要把自己"推销"出去，首先要给自己做一份出色的"产品说明和介绍"，而简历正好是最合适的。好的简历能够让求职者迅速脱颖而出，让面试官产生兴趣，大大提高面试成功的概率。那么什么样的简历，才算好的简历呢？一份好的简历有哪些特征呢？

### 1. 简历的三个基本原则

第一，紧紧围绕岗位要求。与岗位要求无关的经历，一个字都不写。

第二，突出相关优势。写与岗位要求相关的知识、经验、能力和个性，求职者不是越优秀越好，而是越匹配越好。

第三，诚信。所有填写在简历中的信息都必须属实，而非夸大或虚假。个人简历可以适当优化，但要坚守诚信原则，不能虚构工作经历和工作经验。

### 2. 简历制作的要素

（1）设计简历模板。

简历模板的设计，是简历能否一目了然、清晰呈现在面试官面前的重要环节。简历模板不是越好看越好，而要能突出重点，能在一页纸上突出个人的优势，引起关注。

（2）填写基本信息。

基本信息要求准确无误，特别注意不要出现错别字这样的低级错误。填写的信息最好都能拿出相关的佐证材料，如毕业院校、所获荣誉等。

（3）填写个人经历。

很多公司会对求职者的个人经历有要求，例如，要求有几年的相关工作经验等。如果是刚毕业的大学生，没有工作经验，则可以将在校期间的活动或经历写上去，企业能从中看出求职者的工作能力。

（4）填写自我评价。

自我评价不是自我总结，而是对自己性格特征、工作能力等进行评价，面试官能从中获取他们想要的信息，判断求职者是否合适。

正确填写简历，有助于求职者求得合适的工作，总而言之，简历需要做到目的明确、实事求是、准确真实。

### 四、面试形象的准备

可通过服装搭配来设计良好的面试形象。在面试时，着装与用人单位的环境和氛围尽量保持一致或相似，给对方一种亲切感，让面试官觉得求职者是他们的一分子。

男士穿西装，根据自身体型选择最合适自己的西装款式，全身颜色最好不要超过三种，可以配一双黑色皮鞋、一双深色袜子、一条领带及一个手提公文包。西装要平整、清洁且有裤线；西装口袋里不放任何东西；必须拆除西装商标。在面试前应理发、修指甲、刮胡子、去鼻毛，务必处理好这些细节。另外，面试当天记得洗两次脸，用护发、护肤品。西装上可以适当喷些香水，最好提前一天晚上就喷好，保证香味不要太刺鼻，否则会让面试官感到不舒服。无论是护发、护肤品，还是香水，都务必保持香味一致。

女士穿正规套装、套裙，应遵守三色原则，套裙最好不要短于膝盖三厘米，可穿丝袜，配一双皮鞋，但不宜穿过高的高跟鞋，可以配一对小巧的耳环或一枚胸针，切忌有太多的饰物，要做到大方、得体。发型要文雅、庄重，梳理整齐，长发最好用发夹夹好，不能染鲜艳的颜色。不留长指甲，最好涂自然色的指甲油。

## 任务二　面试现场礼仪

**思政引领**

### 成功源于充分准备

"凡事预则立，不预则废""机遇只偏爱那些有准备的头脑"。面对日趋激烈的就业竞争环境，以及用人单位越来越挑剔的眼光，求职者在面试前一定要做好充分的准备，这是所有面试成功者共同的心得。

一位就职于某投资银行的工作人员说："在面试之前一定要了解一些行业知识和公司背景。我在面试之前，先把公司近三年的财务报表拷贝了下来，进行了认真分析，又搜集了许多与之相关的信息，整理出了几个与公司相关又体现专业能力的问题，结果面试的时候都派上了用场，受到了面试官的欣赏。"

另一位工作人员在应聘某管理咨询有限公司的职位之前，先到网上搜集了许多咨询业的材料，装订成册，并把这份有八十多页的材料从头到尾通读了三遍，对要应聘的公司和职位做到了心中有数，结果一举成功。

还有一位工作人员谈到，他在应聘某商业集团股份有限公司的职位之前，先特意到该公司开在学校附近的超市进行了一番考察，对该超市的经营理念、市场定位及规模和发展目标有了相当的了解，从该公司的宣传栏里了解到了比较详细的背景资料。接着，他上网查阅了许多关于该超市及其他国内外连锁经营的企业管理知识。在此基础上，他认真整理出一份名为《管中窥豹，我的几点建议》的总结。面试由人力资源部的张总主持，他的第一个问题便是："你对我们公司开的超市有多了解？"面试场内鸦雀无声，而这位求职者却暗自庆幸："头筹非我莫属。"果不其然，当他作一番陈述并递上总结的时候，张总连连对他点头，最终他从二十多个求职者中脱颖而出。

### 一、提前到达

在面试前，首先会遇到的问题就是什么时候到达面试地点比较合适？是按照通知时间准时到达？还是提前到达？若提前到达，提前多久到达比较合适？在去面试前，要提前一天确定好面试地点，选定前往面试地点的交通方式，依据约定时间，预计路程所要耗费的时间，为避免途中突发事件，一定要提前出门，所谓"赶早不赶晚"，最好在面试前二十分钟到达面试地点。提前到达面试地点，可以先熟悉一下企业环境，整理自己的仪容仪表。如果提前到达，则请在等候区耐心等待，切勿在企业内部来回走动、东瞧西望，影响企业员工的日常工作，进而有损别人对自己的第一印象。

礼仪专家认为，面试官是允许迟到的，所以作为求职者，对面试官的迟到不要太介意，也不要太介意面试官的礼仪、素养。如果面试官有不妥之处，求职者应尽量表现得大度、开朗，这样往往能使坏事变好事。否则，面试官稍有迟到，求职者的不满情绪就溢于言表，面试官对其的第一印象就会大打折扣，因为面试也是对人际交往能力的一种考查方式，得体、周到的表现是有百利而无一害的。

### 二、举止礼仪

从进入要面试的企业开始，求职者的所有行为举止就已经受到广泛关注，所以保持举止文明非常重要。激动得抖腿、左顾右盼、眼神躲闪都是面试当中的大忌。在一个几乎人人都患有轻度社交恐惧症的大环境里，面试紧张是在所难免的。有一个很有用的方法，就是借助眼神缓解紧张的情绪，集中注意力。在较为正式的面试中，眼神应在对方面部的上三角区（即额头、眼睛、鼻梁所构成的区域）自然流动。在谈到关键的地方时，要时不时看着对方的眼睛，进行目光交流。

### 三、谈吐礼仪

面试过程中的交谈，就是求职者向面试官"推销"自己的过程。面试过程中的谈吐礼仪可以总结为三点：第一，不要过分谄媚；第二，不要畏畏缩缩；第三，不自来熟、自我吹嘘。称呼他人为"您"是最基础的，在明确对方姓氏和职称的情况下用"姓氏+职称"的方式称呼对方。如果面试环境比较轻松，则可以更亲近地用"哥""姐"称呼对方。在"推销自己"的过程中要贯彻理智、客观的原则,尽量做到每句话都有依据,语气不卑不亢,口齿清晰,逻辑鲜明。其次,标准的普通话发音也是交谈中重点,如果发音不标准,或者口音很重,那么可以提前做一些话术练习。

## 四、情绪礼仪

在面试过程中保持情绪平稳,压制感性因素,做到克制、文明、理性,就很容易获得面试官的好感。很多时候,面试官为了考验求职者的抗压能力,会故意制造紧张的面试氛围,有些求职者就会被紧张的面试氛围影响,导致说话结巴、表述不清等情况出现。提前调整自己的情绪,做好情绪管理,在面试时才能更加从容。

### 礼仪故事屋

#### 合作带来双赢

一家公司的策划部要招聘两名职员,不少人前去应聘,经过初步筛选,最后留下十人角逐。

测试开始了,面试官把大家带到一排房子前,对大家说:"每个房间里面都有一个很重的木箱,你们可以用各种方法,包括使用房间里的所有工具,把箱子移到指定的区域。测试时间为十分钟,最先完成任务的两个人将留在公司。"十个求职者迅速跑进各自的房间。他们发现,房间里除了一个大木箱,还有木棍、绳子、锤子等很多工具。木箱很重,怎么也推不动,想搬起一个角都很困难。

测试结束了,除两个人提前把木箱推到指定区域外,其余八人都没能完成任务,有的甚至没有让木箱移动一点距离。面试官问那两个提前完成任务的人:"你们是怎么推动木箱的?"他们回答:"我们合作推一个木箱,推完一个再推另一个。"面试官微笑着说:"恭喜两位正式成为我们公司的职员,这次测试的本意就是告诉大家,只有善于合作的人才能获得成功,尤其是策划部,更需要具有合作精神的人"。

# 任务三　面试沟通技巧

### 思政引领

#### 高山流水遇知音

从前,一个琴师乘船去游泰山,途中偶遇暴雨,他便在船里弹起琴来,时而舒缓、时而高亢,突然船外有人高喊:"好!"出来一看,是个樵夫,便邀其入船舱。琴师先弹一曲赞美高山的曲调,樵夫说:"真好!雄伟又庄重,好像高耸入云的泰山一样!"再弹一曲表现奔腾的波涛时,樵夫又说:"真好!宽广浩荡,好像看见滚滚的流水和无边的大海一般!"琴师高兴极了,他激动地说:"知音,你真是我的知音。"两个人从此成为知己。琴师是俞伯牙,樵夫是钟子期,这便是"高山流水"的故事。

**请思考：** 故事中的樵夫为什么能成为琴师的知音呢？

面试过程是求职者向企业"推销"自己的过程，同时也是一个彼此沟通和交流的过程，面试官从中获取求职者的信息，了解求职者是否符合他们的人才需求；而求职者可以从中了解企业是否符合自己的内心期望等。要让企业在短时间内了解自己、喜欢自己并且把自己留下，就需要掌握面试沟通技巧。

## 一、倾听的技巧

倾听是有效沟通的必要部分，以思想达成一致为目标。狭义的倾听是指借助听觉器官接收言语信息，进而通过思维活动达到认知、理解的全过程；广义的倾听是用文字交流等方式进行认知、理解的全过程。

注意，倾听不仅是听见。倾听在面试过程中是一种重要的交流信息的技巧。求职者参与面试就是与面试官进行信息交流，从而获得全面评价的过程。面试在形式上充分体现在"说"和"听"上。因此，倾听是面试中的重要环节。求职者注意听，不仅能体现出对面试官的尊重，而且能抓住问题的本质，否则就可能得不到问题要领，答非所问，而错失一个好的就业机会。因此，在面试过程中应注意以下几点。

（1）目光要专注。要有礼貌地注视面试官，并且要不时地与面试官进行眼神交流，视线范围大致在鼻子以下、胸口以上，千万不要东张西望。

（2）保持微笑。适时的、爽朗的笑声可以使气氛活跃，但绝不可开怀大笑，开怀大笑是一种失礼的表现。

（3）通过点头对面试官的谈话作出反应，并适时说一些简短的话来肯定对方。

（4）身体要稍稍向前倾斜，手脚不要摆太多的姿势。

除此之外，求职者应密切注意面试官的面部表情。若对方听了介绍，双眉上扬，双目微张，则是惊奇、惊讶的表现，这可能表明自己就是理想的人选，对方有相识恨晚的感觉。这时可能成功了一半，一定要锲而不舍。如果对方听了介绍后皱眉，则可能表示不高兴或遇到麻烦、表示无能为力等，也可能表示求职者不是他们的"意中人"，这时可以采取其他途径进一步努力。其次，要密切注意观察面试官的目光。若对方在听介绍时，双目直视前方，旁若无人，那么求职者在说话时就要满足对方的自尊心理；如果对方的眼睛眨个不停，则表示怀疑，求职者要把问题解释清楚；如果对方眯着眼睛看人，则表示可能打动了对方，再继续下去就可能成功；如果对方白了一眼，则表示他对人或某句话反感，求职者要特别注意。

总之，只要认真观察，就会通过心灵的窗户——眼睛，把握对方的内心世界，拥有主动权。

最后，注意对方的反应所传达的信息，如果心不在焉，则可能表示对方对谈话没有兴趣，得设法转移话题；如果侧耳倾听，则可能说明音量过小，对方难以听清；如果摆头，则可能言语有不当之处。根据对方的反应，适时地调整自己的语言、语调、语气、音量、修辞，以及陈述的内容，才能取得良好的面试结果。

## 二、语言表达技巧

语言表达在整个面试过程中占了一大半，在面试前学好语言表达技巧，能大幅提升求职者面试成功的概率。语言表达技巧包含以下几点。

一是自然、诚实，口齿清晰，语言流利。注意控制说话的速度，以免磕磕绊绊，影响语言的流畅。为了增添语言的魅力，应注意修辞美妙，忌用口头禅，更不能有不文明的语言。

二是语气平和，语言简明扼要、通俗易懂。注意语言、语调、语气的正确运用。平时说话语速过快的求职者，要提前进行练习。在自我介绍时，最好多用平缓的陈述语气，不宜使用感叹语气或祈使句。声音的大小要根据面试现场而定，例如，双方距离较近时，声音不宜过大；群体面试且场地开阔时，声音不宜过小，以让每个面试官都能听清讲话的内容为准。通俗、朴实是对求职者语言风格的要求，就是指求职者的语言通俗、朴实。求职者不要为了突显自己的专业能力或者语言能力，用一些专业语句进行交谈，有的面试官不一定是专业人士，他们只负责面试而已。如果求职者的言语不通俗、不朴实，面试官可能听不懂，无法理解谈话内容，进而影响对求职者的了解和评价。因此，一定要注意突出口语的特点。求职者的语言表达，首先要通俗化、口语化，若很难懂，则会事与愿违。其次要质朴无华，如果片面追求语言的新奇、华丽，过分雕琢，就会有炫耀之嫌，让人产生反感。语言贵在朴实、生动，表达真情实意，态度真诚。

三是语言含蓄、机智、幽默。说话除了要表达清晰，适当的时候还可以插进幽默的语言，让双方谈话增加轻松、愉快的气氛，展示自己的优雅气质和从容风度。尤其是当遇到难以回答的问题时，含蓄、机智、幽默的语言会显示自己的聪明智慧，有助于给人良好的印象。在出现双方难堪的局面时，说一句能引起双方发笑的话，可以把不愉快的气氛冲淡，令谈话友好地继续下去。

## 三、应答技巧

企业面试官通过求职者回答其提出的问题，获取想要的信息，判断该求职者是否符合自己企业的岗位录用标准。因此，求职者在回答问题时要有一定的应答技巧。

（1）详略得当，紧扣主题，思路清晰。对于面试官的提问，回答应该有的详细，有的简略，要根据现场情况妥善把握。一般来说，对于纯信息性的问题应该简单一些，回答要干脆、利落；对于阐述性的问题，要紧扣主题，不能随意发挥。对某些问题，可以举例子阐述，但是所举例子应该是简明的、典型的。要避免为了强调自己的某些优点或解释自己的不足，未等面试官问及就自作主张地提前阐述。一般情况下，回答总是结论在先，议论在后，先将中心意思表达清楚，再叙述，给人思路清晰之感。

（2）有个人独立见解，有个人特色。要有主见，不要随意附和面试官的观点，让人觉得没有自己的见解。另外，面试官每年要接待若干求职者，相同的问题要问若干遍，类似的回答也要听若干遍。因此，面试官会有乏味、枯燥之感。只有具有独到的个人见解和个人特色的回答，才会引起对方的兴趣和注意。

（3）用大众化的观点回答某些热点、敏感问题。一些面试，特别是应聘公务员类的面试，面试官也许会问及一些社会热点或敏感话题。对此，求职者最好用大众比较认同的观点来回答,切忌用学生的冲动式态度谈论社会上某些有失公正、消极、阴暗的方面。要注重辩证思考,反对极端。

(4) 诚实、坦率,"知之为知之,不知为不知"是最好的态度。面试中常会遇到一些不熟悉或曾经熟悉但现在忘了或根本不懂的问题。面临这种情况,回避问题是失策的,牵强附会是拙劣的,闪烁其词、默不作声、不懂装懂均不可取,诚实、坦率地承认自己的不足,反倒会赢得面试官的信任和好感。

(5) 遇到不便回答的问题可以拒绝回答。一般情况下,面试官在面试时不应提出有关求职者隐私的或不便回答的问题。但有些面试官出于某些工作的要求,或出于其他原因,可能会对求职者提出一些棘手的问题。对于这样的问题,求职者普遍都不愿回答,即使回答,往往也支支吾吾,含糊其词,给面试官留下不良印象。与其这样,求职者不如直截了当地说:"对不起,我不愿意回答这个问题。"如果用犹豫不决的态度回应,让自己陷入尴尬,要及时警觉起来,此时没有必要特别用心地缓和谈话的气氛,只要对之后的问题用明朗的态度表明就行。面试官知道求职者能坚持自己的意见,一般不会再问,坦然处之会给对方留下良好的印象。

### 四、面试中常见的问题举例

1. "请作一下自我介绍。"

分析:一般人回答这个问题,只说姓名、年龄、工作经验,但这些在简历上都有写明。其实企业最希望知道的是求职者能否胜任工作,包括最强的技能、最深入研究的知识领域、个性中最积极的部分、做过最成功的事、主要的成就等。要突出积极的个性和做事的能力,只有说得合情合理,企业才会相信求职者的实力。

2. "你最大的优点是什么?"

参考回答:沉着冷静,条理清楚,立场坚定,乐于助人,有责任心。我在某某公司经过一到两年的培训及项目实战,加上实习,我想我适合这份工作。

3. "说说你最大的缺点。"

分析:企业问这个问题的概率很大,但通常不希望听到直接回答缺点是什么。如果求职者说自己小心眼,非常懒,工作效率低,企业肯定不会录用。因此要从自己的优点说起,中间加一些缺点,最后回到优点上,突出优点。

4. "说说你对加班的看法。"

分析:实际上许多公司问这个问题并不代表一定要加班,只是想测试求职者是否愿意为公司奉献。

5. "你对工资的要求是什么?"

分析:如果对工资的要求太低,那显然是在贬低自己的能力;如果对工资的要求太高,那会显得自己分量过重,公司受用不起。一些公司通常都事先对求聘的职位定下开支预算,因而面试官第一次提出的工资往往是所能给予的最高工资,提问只不过想证实一下这笔工资是否足以引起对方对该职位的兴趣。

6. "你对自己未来的职业生涯有什么规划？"

分析：这是大多求职者都不希望被问到的问题，但是几乎每个求职者都会被问到。比较常见的答案是"成为管理者"。当然，说出其他的职业生涯规划也是可以的，面试官喜欢有进取心的求职者，此时如果说不知道，或许会失去一个好机会，保险的回答是"我准备在技术领域有所突破"或者"我希望按照公司的管理思路发展"。

7. "如果你没被录用，你怎么打算？"

参考回答：现在的社会是一个竞争的社会，从这次面试中可以看出这一点，有竞争就必然有优劣，有成功必定有失败，成功的背后往往有许多的困难和挫折。只有经过经验的积累，才能塑造出一个完美的成功者，我会从以下几个方面来正确看待这次失败：一要敢于面对，面对这次失败，不气馁，接受已经失败的现实。从心理意志和精神上体现出对这次失败的承受能力，要有自信，相信自己经历了失败之后再努力就一定行，能够超越自我。二要善于反思，对于这次的面试经验，要认真地总结、思考、剖析，从自身找差距，正确地对待自己，实事求是地评价自己，辩证地看待自己的成败得失，做一个明白人。三要走出阴影，克服这次失败带给自己的心理压力，时刻牢记自己的弱点，防患于未然，并加强学习，提高自身素质。四要再接再厉，如果以后有机会仍然参加竞争。

8. "我们为什么要在众多的求职者中选择你？"

分析：别过度吹嘘自己的能力，或者乱开"空头支票"，例如，说"一定会为公司带来多少利润的业务"等，这样很容易给人说大话、不切实际、不靠谱的感觉。

9. "和同事、上级领导难以相处，你怎么办？"

参考回答：第一，我会服从上级领导的指挥，配合同事的工作，从自身找原因，仔细分析是自己的工作做得不够好，还是为人处世方面做得不够好，如果的确是这样的话，我会努力改正。第二，如果我找不到原因，则会找机会跟他们沟通，请他们指出我的不足，及时改正。一名优秀的员工，应该时刻以大局为重，即使别人在一段时间内对我不理解，我也会做好本职工作，虚心向他们学习，我相信他们会看见我的努力。

10. "上级领导抢了你的功劳怎么办？"

参考回答：我不会找上级领导说明此事，我会主动找我的主管领导沟通，因为沟通是解决问题的最好办法。如果主管领导认识到错误，我会视具体情况决定是否原谅；如果主管领导无视这个问题，我会毫不犹豫地找上级领导反映，因为这样做会造成负面影响，对今后的工作不利。

### 礼仪故事屋

#### 以匠心铸就国之重器
#### 胡双钱："工匠精神"是一种努力将99%提高到99.99%的极致精神

国之重器，始于匠心，惟匠心以致远。以匠心守初心，以创新致未来。为C919大型客机加工特制零件的"航空手艺人"胡双钱、被誉为"工人院士"的高铁焊接大师李万君、世界技能大赛光电技术项目金牌获得者李小松……他们"精于工、匠于心、品于行、创于新"，在重大项目、重要领域中无私奉献，在行业进步、工艺智能化提升中引领开拓，彰显着技能成才、技能报国的时代光彩。

胡双钱，上海飞机制造有限公司高级技师、数控机床加工车间钳工组组长。近四十年间，经他手加工的飞机零件达数十万余个，无一个次品。

他是让C919大型客机、ARJ21新支线飞机在蓝天上翱翔的幕后英雄之一，被称为"航空手艺人"。他的工作并不是简单的零件加工，而是制造关系千万乘客生命安全的航空产品。在平时工作中，每每想到此，他就严格要求自己，像珍爱自己生命一样对待产品质量。他对徒弟说："没有任何一件事情是微不足道的，任何一件微不足道的事情都可能威胁生命。"

2015年，他被授予"全国敬业奉献模范"称号。2016年，他获得"全国五一劳动奖章"。胡双钱说："'工匠精神'是一种努力将99%提高到99.99%的极致精神，要传承这种精神，不仅要'传帮带'青年技工，更要激发他们创新的积极性和主动性。"从2014年开始设立的胡双钱"大国工匠"工作室，在成立一年内完成各类精益项目127项，每年节约工时6832小时，每年为公司节约成本382万元。

**请思考：** 作为即将步入职场的大学生，在走上工作岗位后，应具有怎样的职业精神？

## 项 目 小 结

求职者在面试前要做好相关资料的搜集和求职材料的准备工作，充分做好心理准备及情绪准备。"知己知彼，百战不殆"，求职需要慎重对待，精心准备。

面试过程是求职者向企业面试官推荐自己的过程，作为一件"商品"，求职者要确保自己是合格的、优秀的，能被"消费者"所喜好的，并愿意为之"买单"的。注重面试过程中的沟通技巧，有利于求职者成功应聘。

面试考核的是求职者的综合素质和职业技能，对于求职者来说，这些是需要长期准备的，比如，大学生要不断提高自己的综合素质和职业技能，如此才能实现顺利就业，并在职场中不断成长。

## 学习效果综合测试

1. 在写求职信时需要注意哪些问题？
2. 在求职面试前需要搜集的信息有哪些？
3. 简述谈吐礼仪在面试中的重要性。
4. 什么是倾听？
5. 在面试过程中，求职者应该注意哪些礼仪？

## 学 习 笔 记

学习重点与难点：




已解决的问题与解决方法：




待（未）解决的问题：




学习体会与收获：

## 讨 论 区

1. 你认为什么是举止礼仪？
2. 谈一谈个人形象在面试时的重要性。

## 测 试 区

一、单选题

1. （　　）是如愿走上心仪工作岗位的必经之路。
A. 求职　　　　　B. 面试　　　　　C. 应聘
2. 礼仪的根本是什么？（　　）
A. 形象　　　　　B. 交流　　　　　C. 尊重　　　　　D. 自信

二、判断题（正确的在括号中写"T"，错误的在括号中写"F"）

1. 面试是一个沟通的过程，所以不必在意穿什么。（　　）
2. 简历和自荐信的功能一样，只要选取其一就可以了。（　　）
3. 好的面试礼仪可以帮助求职者提高面试成功的概率。（　　）
4. 在面试过程中遇到回答不上来的问题，可以表现出焦虑的情绪。（　　）
5. 面试过程要沉着冷静，礼貌问答。（　　）

三、多选题

1. 面试现场礼仪包括（　　）。
A. 提前到达　　　B. 谈吐礼仪　　　C. 情绪礼仪　　　D. 举止礼仪
2. 面试前的准备包括（　　）。
A. 简历　　　　　B. 自我介绍　　　C. 求职信　　　　D. 服装
3. 以下级于求职途径的有（　　）。
A. 校方推荐　　　　　　　　　　　B. 人才招聘会
C. 报纸、杂志上的招聘信息　　　　D. 网络招聘信息

测试答案

# 参考文献

[1] 杜明汉, 刘巧兰. 商务礼仪：理论、实务、案例、实训（第三版）[M]. 北京: 高等教育出版社, 2020.

[2] 杜岩. 商务礼仪[M]. 北京: 北京航空航天大学社, 2009.

[3] 韩振华. 商务礼仪[M]. 杭州: 浙江大学出版社, 2022.

[4] 阮喜珍, 张明勇, 从静. 商务礼仪与沟通[M]. 武汉: 武汉大学出版社, 2021.

[5] 杨清华, 郑立, 王春英. 商务礼仪[M]. 北京: 清华大学出版社, 2021.

[6] 徐辉. 商务礼仪[M]. 北京: 清华大学出版社, 2020.

[7] 金正昆. 礼仪金说：商务礼仪[M]. 北京: 北京联合出版公司, 2019.

[8] 张建国. 中国礼宾接待手册[M]. 北京: 中国人民大学出版社, 2018.

[9] 李荣建, 宋和平. 现代社交礼仪——现代礼仪丛书[M]. 武汉: 武汉大学出版社, 2007.

[10] 杨雅蓉. 高端商务礼仪与沟通：让你身价倍增的社交礼仪[M]. 北京: 化学工业出版社, 2019.

[11] 陶玉立. 你的礼仪价值百万[M]. 北京: 中国华侨出版社, 2012.

[12] 南怀瑾. 华礼之光系列礼仪教材丛书：成长有礼[M]. 上海: 复旦大学出版社, 2018.

[13] 张弘. 职业形象塑造[M]. 北京: 北京大学出版社, 2020.

[14] 王薇. 职业形象设计[M]. 北京: 电子工业出版社, 2019.

[15] 何瑛, 孔维娴. 职业形象塑造[M]. 北京: 科学出版社, 2019.

[16] 魏江, 严进. 管理沟通：成功管理的基石[M]. 北京: 机械工业出版社, 2006.

[17] 金正昆, 国际礼仪[M]. 北京: 北京大学出版社, 2005.

[18] 李荣建. 大学生礼仪[M]. 北京: 人民邮电出版社, 2012.

[19] 金丽娟. 旅游客源国（地区）概况[M]. 北京: 北京大学出版社, 2019.

[20] 杨载田. 旅游客源国概论（第二版）[M]. 北京: 科学出版社, 2023.

[21] 刘长英. 旅游客源国概况[M]. 北京: 中国财富出版社, 2015.

[22] 王佩良. 中国主要旅游客源国与目的地概况（第二版）[M]. 北京: 中国旅游出版社, 2023.

[23] 朱英, 聂红. 客源国概况（双语）[M]. 重庆: 重庆大学出版社, 2021.